食品供应链
质量信息共享研究

王继鹏 著

科学技术文献出版社
SCIENTIFIC AND TECHNICAL DOCUMENTATION PRESS
·北京·

图书在版编目（CIP）数据

食品供应链质量信息共享研究 / 王继鹏著. —北京：科学技术文献出版社，2017.8（2018.11重印）

ISBN 978-7-5189-3230-6

Ⅰ.①食…　Ⅱ.①王…　Ⅲ.①食品—供应链管理—质量管理—信息资源—资源共享—研究　Ⅳ.① F407.825

中国版本图书馆 CIP 数据核字（2017）第 201154 号

食品供应链质量信息共享研究

策划编辑：周国臻　　责任编辑：李　晴　　责任校对：文　浩　　责任出版：张志平

出　版　者	科学技术文献出版社
地　　　址	北京市复兴路15号　邮编 100038
编　务　部	(010) 58882938，58882087（传真）
发　行　部	(010) 58882868，58882870（传真）
邮　购　部	(010) 58882873
官方网址	www.stdp.com.cn
发　行　者	科学技术文献出版社发行　全国各地新华书店经销
印　刷　者	北京虎彩文化传播有限公司
版　　　次	2017 年 8 月第 1 版　2018 年 11 月第 3 次印刷
开　　　本	710×1000　1/16
字　　　数	215千
印　　　张	12.5　彩插2面
书　　　号	ISBN 978-7-5189-3230-6
定　　　价	58.00元

前　言

食品的信任品特征导致生产者和消费者之间的信息不对称，影响消费者的食品质量判断和生产者的质量声誉建立，食品质量信息共享旨在通过食品质量信号的有效传递，确保食品安全，从而成为近年来食品质量管理领域很活跃的研究方向。基于对国内外相关研究的调研，发现目前对食品质量信息共享的研究缺乏系统的理论分析及广泛接收的实现技术。本书的研究重点是基于食品供应链视角、引入 EPC 网络技术提高食品质量信息共享的深度与普适度，以解决信息不对称问题，尝试对关键节点、关键活动的质量信息共享进行一些创新研究。

本书深入介绍了动物源性食品质量管理模式、质量控制方法和质量追溯系统，重点探讨了基于 EPC 网络和 Web Service 的自治、适应、高质量跨组织协作模型与技术。在此基础上，对动物源性食品供应链质量信息、节点内部 HACCP 计划与运行信息、食品供应链关键控制点质量信息进行详细研究，结合 EPC 网络的编码体系及信息服务、发现服务和对象名解析服务，提出了 3 种基于 RFID 和 EPC 网络的食品供应链质量信息共享方法。

第 1 种方法以牛肉产品供应链质量信息为研究对象，分析了牛肉产品供应链质量信息共享需求，提出基于 RFID 和 EPC 网络的牛肉产品供应链质量信息共享模式，设计了牛肉产品供应链 EPCIS 事件、EPC 数据的采集、存储结构和查询逻辑，可实现牛肉产品供应链中养殖场、加工厂、配送企业、销售企业等所有节点的质量信息共享。

第 2 种方法以企业 HACCP 体系实施与运行信息为研究对象，详细探讨了肉鸡养殖企业 HACCP 体系的计划制订过程、HACCP 计划与运行信息的管理，以及 HACCP 计划与运行信息的共享。企业 HACCP 体系实施与运行信息的共享可以为食品供应链中同类企业提供参考，有助于同行业企业间横向协作；使得加工过程中食品质量状况更加透明，为纵向合作伙伴及消费者提供更多的食品质量保证。

第 3 种方法以食品供应链中关键控制点质量信息为研究对象，选择用户需要的关键质量信息，避免信息过载。运用 HACCP 原理方法分析火腿产品生产过程中影响质量安全的关键节点，确定追溯系统的追溯对象和数据单元，结合 EPC 物联网技术，设计食品质量追溯系统，并以一个火腿产品生产流程场景分析验证基于该系统的火腿产品质量追溯过程和追溯方法。该方法能够减少不必要的追溯信息，控制影响食品质量的关键环节，同时降低实施成本。

本书是一部论述食品供应链质量信息共享的专著，书中既有对食品供应链质量信息共享理论方面的深入分析，又有针对其中 EPC 网络和 Web Service 技术的应用设计。本书适合高等院校信息管理专业、计算机科学技术专业及相关专业的教学科研人员、高年级学生和研究生阅读参考，也适合从事该领域工作的工程技术人员参阅。

本书是根据笔者近几年所从事的课题研究成果写成的。在本书的撰写过程中，安阳师范学院计算机与信息工程学院的领导和老师给予了大力支持，并提供了良好的工作条件，在此，表示衷心的感谢！在本书的出版过程中，得到了科学技术文献出版社周国臻老师的大力支持和帮助，对他致以诚挚的谢意！鉴于知识、能力、经验有限，书中的不足之处在所难免，敬请广大读者和同行批评指正，笔者会将各位读者的反馈作为自己深化研究的动力。

目 录

第1章 基于供应链的肉类加工食品质量管理研究

1.1 引言

食品安全和食品产业的可持续性发展问题是现代农业中的一个重大问题，也是一个重要的社会安全问题。近年来频繁发生的食品安全事件与工场化的养殖、食品的深加工及餐饮服务业的空前发展不无关系。为了在现代农业发展和城镇化推进的背景下确保食品安全，目前世界各国的食品质量管理都强调"从农田到餐桌"的全过程质量监控，形成企业、政府、科研机构、消费者共同参与的相关者治理[1]。

在调查河南省畜牧业、肉类食品产业发展及对肉类加工食品产业分析的基础上，本书探索了现代肉类加工食品质量管理的方法和措施。依据肉类加工食品质量的风险分析，结合各国广泛认可的食品质量与安全管理体系，提出了基于供应链的肉类加工食品质量管理模式和质量控制方法，从而实现对供应链中关键点的质量控制。在研究肉类加工食品质量可追溯管理模式的基础上，设计了肉类加工食品质量追溯系统的功能结构和网络结构，解决食品行业存在的信息不对称问题。食品质量问题根源于食品经营者对经济利益的追求，创新食品供应链模式、加强政府监管和进行监管责任追溯也是保证食品质量与安全的重要因素。

1.2 肉类加工食品产业链的调查分析

1.2.1 产业发展状况调查

中华人民共和国成立以来，特别是改革开放 30 多年来，河南省农业经济全面、稳定、持续、协调发展。2008 年，全省农业总产值 4669.54 亿元，比 1999 年增长 51.80%，年均增长 4.70%；粮食总产量 5365.48 万吨，比 1999 年增长 26.20%；油料总产量 505.34 万吨，比 1999 年增长 44.70%；肉类总产量 584.50 万吨，比 1999 年增长 40.40%。河南省经济体制改革不断深化，适应市场需求的变化和可持续发展的需要，大力推进农业经济结构调整，农业产业化水平显著提高。2008年，农业、牧业在农林牧渔业总产值中所占比重分别达到56.90%和39.10%，与1978年相比，农业下降28.80个百分点、牧业上升27.70个百分点。2007年全省肉类总产量542.90万吨，居全国第3位，是1978年的11.90倍[2]。食品行业中出现了双汇、华英、白象、三全、思念等一批在全国具有较强竞争力的骨干企业，食品产业成为河南省的重点产业。

（1）产业发展数据

中华人民共和国成立以来，河南省畜牧业生产由最初的一家一户散养发展到现在的规模化饲养和集约化经营、由役用养畜发展为商品养畜、由农业附属产业发展到自成体系的支柱产业，成为农民增收致富的重要途径和农村经济新的增长点。2008年，河南省牧业总产值为1761.20亿元，是1978年（10.90亿元）的176.00倍。畜产品产量大幅增加，2008年出栏生猪4462.00万头，出栏大牲畜1097.55万头，分别为1978年的2.70倍、2.10倍，如图1.1所示。

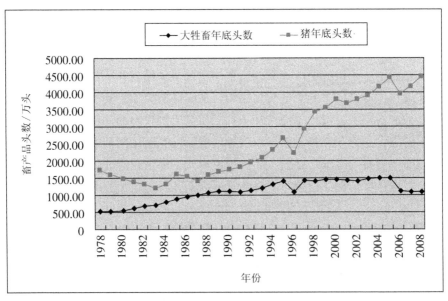

数据来源：《河南60年（1949—2009）》。

图1.1 河南省畜产品产量

2008年全省肉类总产量584.50万吨，为1978年产量的12.70倍，其中猪肉、牛肉、羊肉总产量477.70万吨，如图1.2所示。

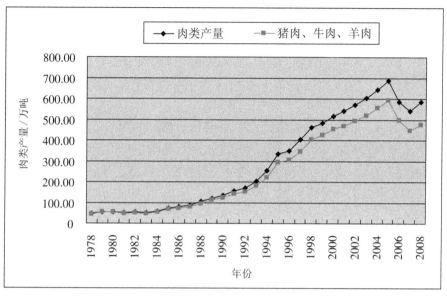

数据来源:《河南60年(1949—2009)》。

图1.2 河南省肉类产量

改革开放以前,河南省畜牧业产值占农业总产值的比重一直徘徊在10.0%左右,20世纪80年代中期以后迅速提高,至1988年突破20.0%,1995年超过了30.0%,2008年已达到37.7%,占农、林、牧、渔、副5种产业的1/3强。河南省畜牧业生产在增加农民收入、吸纳农村剩余劳动力和保障城乡市场供给等方面的作用越来越重要。

(2)区域发展状况

全省各地结合自身资源优势和传统优势,选定发展项目,显示了河南省畜牧业生产的区域优势。河南省各市年度大牲畜存栏数量、猪存栏数量、肉类总产量分别如书后彩插图1.3至图1.5所示。

1995年以前,河南省各市大牲畜养殖数量总体呈增长趋势,但之后出现较大回落,部分原因是因为农民外出打工。2008年,大牲畜养殖大市南阳、驻马店、商丘、周口、平顶山的存栏头数分别为167.21万头、159.28万头、97.18万头、93.93万头、89.93万头,南阳、驻马店处于绝对领头地位;信阳、洛阳、开封、许昌、新乡5个城市大牲畜存栏头数在50万~70万头,值得注意的是豫西小城市——三门峡大牲畜存栏头数达到了41.47万头。

河南省各市猪存栏头数整体增长。2008年,驻马店、南阳、周口、商丘、开封、信阳的生猪存栏头数分别为635.30万头、528.10万头、

470.60 万头、331.80 万头、324.00 万头、291.50 万头，驻马店、南阳、周口处于领头地位；平顶山、许昌、新乡生猪存栏头数约为 250.00 万头；漯河、洛阳、安阳、郑州、焦作、濮阳每个城市也有 130.00 ~ 200.00 万头生猪存栏，河南省 18 个市中的 15 个城市都有较大数量的生猪养殖，奠定了河南省生猪及其加工产业的发展基础。

2008 年，河南省肉类生产大市驻马店、南阳、周口、商丘、信阳的总产量分别为 72.10 万吨、63.95 万吨、60.79 万吨、51.75 万吨、48.20 万吨，驻马店、南阳、周口处于绝对领头地位；许昌、开封、平顶山、新乡 4 个城市肉类产量约为 32 万吨。

1.2.2　产业结构分析

（1）养殖区域优势形成，规模饲养比重不断增加

从城市看，驻马店、南阳、周口 3 市为河南省第一梯队养殖区域，商丘、信阳跟随其后；平顶山、开封具备雄厚实力；许昌、新乡、洛阳、漯河 3 市处于中等层次；其他一些城市也有稳定基础。全省已形成豫东、豫中、豫西南"中原牛肉带""黄河滩区绿色奶业示范带"，以及豫南豫中生猪基地、豫东槐山羊、信阳水禽、豫北蛋肉鸡、豫东平原奶牛养殖基地等一大批生产基地和农业产业带（区）。周口是国家重要的黄牛、槐山羊、生猪养殖及肉类出口基地；开封畜牧业增长迅速，肉类产量由 1985 年的 3.06 万吨增加到 2008 年的 33.55 万吨，年均增长 11.00%。畜牧业在农林牧渔业中的比重大幅提高，2008 年，平顶山畜牧业产值占农业总产值的比重达到 50.00%；许昌畜牧业总产值占农林牧渔业总产值的 45.10%；新乡实现畜牧业产值占农林牧渔及其服务业总产值的 42.40%[3]。

规模饲养比重不断增加，集约化生产已具雏形。至 2008 年年底，河南省生猪规模饲养比重已达到 58%；拥有出栏万头以上的猪场 370 个，其中内乡牧原猪场年出栏 50 万头，新郑雏鹰猪场年出栏 30 万头。河南省拥有存栏 200 头以上的奶牛规模养殖场 604 个，存栏 1000 头以上的规模养殖场 55 个，牛奶产量跃居全国第 4 位；拥有肉牛规模养殖场户达到 5 万个，其中年出栏 500 头以上的规模养殖场户达 468 个；拥有肉鸡规模养殖场 3.7 万个，其中年出栏 10 万只以上的规模养殖场 454 个；拥有蛋鸡规模养殖场 11 万个，其中存栏 1 万只以上的规模养殖场 5679 个。驻马店大力发展以养殖小区为主的规模养殖，截至 2008 年，全市已建成各类养殖小区 1067 个，规模较大的畜禽养殖场 760 个，建成生态环保养猪场（小

区）43个，猪、禽的规模养殖比例分别达到了70%和85%。平顶山通过大力推进优质高效现代农业的建设，建成了一批规模养殖场、养殖园区，扶持产业化龙头企业，加速了传统农业向现代农业的转变。规模饲养户饲养优良品种畜禽，应用先进饲养技术，提高了出栏率和产肉量，降低了生产成本，提高了生产效益。

（2）肉类加工产业化水平提高，农业龙头企业群体初步形成

1990年以来，河南省充分发挥农业大省、人力大省、资源大省的优势，用发展工业的理念发展农业，引导农业产业化经营项目向优势产业和优势区域集中，龙头企业向工业园区集中，强化产业集聚。南阳16家畜牧企业通过了省无公害畜产品产地认证，河南龙大牧原肉食品有限公司建设年屠宰生猪100万头，加工各类肉制品10万吨，新野科尔沁建设10万头肉牛产业开发项目；漯河发展以食品工业为主导的优势产业，涌现出双汇等骨干企业；许昌河南众品食业股份有限公司被农业部认定为猪肉加工专业分中心；开封一批农产品龙头加工企业，采用"农户＋基地＋公司"的模式，形成生产、加工、销售一体化的发展格局。

河南省出现了一大批畜牧产品加工骨干龙头企业。2007年，肉类、奶制品加工能力分别达578万吨、255万吨，河南已成为全国最大的肉类加工基地和速冻食品生产基地。"华英"鸭、"大用"鸡、"思念"水饺、"双汇"火腿肠等一大批名牌肉类产品享誉国内。双汇集团年屠宰生猪能力达到1500万头，销售冷鲜肉及肉制品180多万吨，是中国最大的肉类加工基地；华英集团年加工肉鸭能力达到8000万只；河南大用集团产业链从动物饲料加工、家禽育种、工厂化饲养，到肉鸡屠宰分割、速冻调理熟食肉制品生产，再延伸到产品的储运销等环节，产业模式涵盖了从"农田到餐桌"的全过程。

（3）市场主体规模快速扩大

大型商品交易市场不断发展壮大。截至2008年年底，全省城乡交易市场达2958个，其中，城市交易市场1203个，农村交易市场1755个；消费品市场2581个，生产资料专业市场329个，生产要素市场48个；全省亿元以上商品交易市场157个。农产品商品交易市场的规模、质量及为促进商贸流通所发挥的作用已今非昔比。

流通网络日趋完善，商业网点遍布城乡。至2008年年末，全省拥有批发零售业和住宿餐饮业企业法人单位5.63万个。批发零售业和住宿餐饮业产业活动单位2.18万个。尤其以个体商户发展最为突出，1979—

2008 年，年均增长 19.9%。商业网点规模的快速扩大和经营功能的优化，极大地满足了人民群众的生活消费需求，推动了商业主体向更高层次发展。河南省畜禽产品外调外销逐年增多，不仅满足了省内城乡市场供给，还大量销往广东、上海、浙江、江苏、福建等沿海经济发达地区。

1.2.3　产业发展中的问题

（1）农牧产业经营主体分散，存在安全风险

从 20 世纪 80 年代开始，河南省进行农村经济的改革，生产规模从集中变为分散，农牧产品生产基本决策单位也从公社变为家庭。生产农牧产品的农户数量众多、规模小、分散，缺乏有效组织。目前，河南省农牧业生产现代化程度仍然较低，大型养殖场仍占少数，存在许多分散的小养殖户、小企业，这跟河南省人口众多、农牧业环境是相呼应的。养殖户多且复杂，不但造成了供应源的分散，而且各个养殖户由于受生产方式、经济因素等的制约，缺乏对动物的健康状况、卫生指标及饲料的安全控制，使得农牧产品质量参差不齐。大量肉类食品加工企业规模较小、管理混乱的问题还比较严重，影响食品加工环节质量。销售渠道方面，河南省农牧产品的终端销售仍以农贸市场为主，经营者为大量的个体小商贩，这就使得零售农牧产品的质量等级难以确定，卫生条件难以保障。

（2）食品供应链节点企业间协作程度较低

肉类食品供应链主要围绕食品的供应、生产、物流、消费 4 个主要领域来组织实施。双汇、大用、华英禽业等部分肉类食品加工龙头企业通过与养殖户的契约关系，将分散经营的养殖户组织起来，实现了区域化布局、专业化生产和一体化经营。一些大型企业的大跃进式发展，采取收购或外包的生产经营方式进行盲目扩张，原料质量和产品品质难以保证。食品加工业快速扩张，刺激了上游养殖业的盲目发展，一味地追求数量增长和经济利润的回报，中小养殖场居多，规模化和集约化程度普遍不高，管理水平与技术含量较低。广大养殖户的市场意识淡薄，对市场信号的认知和反应往往是非理性的，供应链中核心企业在面对众多养殖户时，签约与履约成本过高。分散的供给模式使得各供给主体具有随机性，初级产品经过多次集散，缺乏购销凭证，难以对产品溯源，一旦出现质量问题无法找到问题源头。

在食品供应链中长期存在工农业产品的价格剪刀差问题，目前虽然已形成完整的产业链条，但没有合理的肉类食品链利润分配机制和风险

共担机制。企业与养殖户间契约关系不稳定，生产原料、产品质量难以保证。各供给主体只关注自身短期利益，交易大部分为"一锤子买卖"，主体间难以从长远利益考虑相互的关系，食品质量因素不受重视。供应链节点企业的局部利益和行为经常与供应链系统的目标不一致，无法保证上下游企业间的信息共享与相互合作，使供应链系统性能降低、效益受损。

（3）食品质量信息平台建设滞后

食品作为一种"经验产品"，一方面受消费者相关知识水平等的限制，另一方面因为消费者远离食品产品的生产、流通过程而造成了食品安全信息的不对称效应。如果监管部门不能保证食品安全信息被迅速、有效地传递给消费者，或者如果生产者、经营者对负面信息刻意隐瞒，将会使消费者无所适从。

河南省畜牧业分散养殖的特点决定了农户小规模分散养殖与加工企业布点收购模式是初始产品供应的主流，决定了初始产品生产质量信息的分散性，获取质量信息的成本高昂。目前，食品质量信息平台技术手段简单，信息量少且不及时，许多分散的养殖户、小企业难以参与其中。同时，消费者获取信息的渠道不多，对于食品安全的概念理解存在偏差；监管数据利用不充分，没有充分起到对政府部门决策的支持作用和对食品生产经营单位及消费者的指导作用，需要制定相应的管理制度，搭建食品安全的信息平台，使得食品安全数据能够得到充分、有效利用。

（4）对食品产业的监管问题

供应链参与者是逐利的经济人，他们为提高收益而违规操作的市场机会主义，引发了种种食品质量问题，因此，外部监管必不可少。但肉类食品供应链前端多以分散的家庭养殖为主，这种生产方式使供应链上的原料供给难以做到数量与质量上的标准化与规模化。食品链环节多、结构松散、参与者众多、分布广，导致监管力量相对不足，基层监管工作得不到落实。食品质量问题很大程度上是由于企业良知的丧失，也充分暴露了多头管理体制的弊端。传统意义上，食品药品监督、农业、商务、卫生、工商、公安、技术监督、环保等多个部门都具有食品安全管理的职责，出现了部门职能重叠，管理混乱。监管体系中事后问责的制度仅仅作为事后补救措施，只能警醒监管者更加尽责，而不能解决潜在的风险，依赖事后问责的监管必然导致"头痛医头，脚痛医脚"的"运动式监管"。

1.3 肉类加工食品供应链质量管理方法

1.3.1 肉类加工食品质量风险

1.3.1.1 肉类加工食品质量风险分析

肉类加工食品供应链条较长而且复杂，横跨第一、第二、第三产业，覆盖养殖、屠宰、加工、流通、餐饮及消费等环节，食品的不安全因素贯穿于食品供应链全过程，每个环节都可能存在不同程度的食品安全风险[4]。

（1）养殖环节的风险

肉类加工食品供应链源头，化学药品、生物制剂等的过量使用给食品安全带来了极大隐患，一些养殖户用瘦肉精喂养生猪以提高瘦肉率，一些饲料生产企业或养殖户为牟取暴利，大肆生产和使用残留量大的抗生素作为饲料添加剂。畜禽作为肉类加工食品的基本原料，在养殖过程中容易受到自然环境条件、人为环境污染等因素影响。

（2）加工环节的风险

厂商为追求利润最大化减少必要的设备、设施和管理的投入，或者管理松懈、生产控制不严等问题，使产品在生产过程中受到微生物污染；人为超量使用或滥用具有风险的添加剂或有害物质，导致细菌、霉菌、寄生虫滋生，或其他风险行为后果。肉类加工食品的易腐变质和不易保存等性质决定了对生产、加工、储运等具有严格的环境和时间要求。

（3）流通环节的风险

肉类加工食品从生产地到销售地长距离运输、多渠道流通及大范围销售，面临运输、仓储过程中因保存不善而过期的风险，微生物与有害物质污染的可能性增大，以及运输、包装、装卸过程中的污染风险。流通厂商人为添加或过量添加化学物质，以延长产品寿命，使食品能有足够的时间运输和出售，存在人为稀释肉类产品，甚至假冒食品生产商之名生产、销售违法产品，或者为谋取利益经销其他不法生产者的肉类食品。受当前经济发展、消费水平等诸多因素影响，多数肉类产品仍以未加工或初加工的形式在农贸市场、街头巷尾直接销售，这种流通方式增加了食品的安全风险。

（4）消费环节的风险

餐饮操作不规范、卫生不达标，非时令食品消费、在外就餐消费等活动大大增多，肉类加工食品消费不断上升，也使得群体性的食品安全问题变得严重。由于食品质量信息的不对称，消费者缺乏对食品安全程度的了解和实现食品品质安全鉴别的知识、技术、设备，这也是引发肉类加工食品质量问题的原因所在。

1.3.1.2　肉类加工食品质量风险的主要成因

（1）经营主体追求自身利益最大化

肉类加工食品供应链中单个企业追求自身利益最大化行为，往往导致集体非理性结果。同时供应链中各个环节企业的地位、话语权、市场影响等方面不对等，使得供应链质量改善行为所带来的成本支付和收益分配严重不匹配。龙头企业和养殖户都是有限理性的经济人，在信息不对称、契约不规范、惩罚机制不完善、违约成本极低的情况下，双方很容易产生机会主义倾向，他们总是试图在各种契约约束下寻求自身经济利益或者效用的最大化。

（2）缺乏有效的协作共赢意识

分散的养殖模式不适应市场化和畜牧业大生产要求，缺少防范市场风险的能力，使其在谈判中缺乏讨价还价能力和地位，处于价值链末端，缺乏提供高质量初级产品的热情和能力，为了自身利益的最大化，可能弄虚作假，包括提供质量低劣的初级产品原料，最终导致整个供应链蒙受严重损失。由于养殖业的分散化，肉类加工企业直接与千千万万分散养殖户打交道，交易费用十分昂贵，这也不利于指导生产，推广养殖技术。肉类加工企业作为采购商要求养殖户（企业）提升产品质量，但不为他们提供相应解决方案，往往利用自己的强势地位，将成本压力过分地向上游转移。一些企业把前向、后向企业看作成本中心，而不认为是自己的利润源泉，缺乏竞合意识，没有共赢思想，企业间恶意竞价。在一些特定结构的供应链中，中小企业占主体地位，没有形成居于控制地位的核心企业，由于存在"群体败德"现象，使得主动承担食品质量安全责任的企业反而由于成本上升而失去竞争优势。

（3）食品质量监管不力

社会中出现的一些严重食品安全事件暴露出政府监管部门在食品质量监管方面的漏洞。食品质量监管职能缺失、相关人员未承担起责任和多头管理是重要原因。相关部门执法不严，职责懈怠，寻租时有发生，将国家赋予的监督职能用来满足私人利益，监管流于形式。

1.3.2 基于质量标准体系的肉类加工食品质量管理

1.3.2.1 肉类加工食品质量管理模式

肉类加工食品供应链通过物流、资金流、信息流，将养殖投入品供应商、养殖企业、肉类食品加工企业、批发商、零售商及消费者连成一个网络结构。肉类加工食品质量的好坏，不仅取决于其供应链条上的某个环节或企业，还取决于供应链上相关企业的协作配合和共同保证。因此，要保障肉类加工食品质量必须对食品供应链进行有效管理[5,6]。

（1）肉类加工食品供应链的各环节行为分析

肉类加工食品供应链是由饲料与兽药生产、畜牧养殖、肉类食品加工、物流配送、肉类食品流通、餐饮等节点企业构成的网络结构。其经营主体为企业或个体户，经营主体的经营行为可抽象为采购原料、原料库存、生产（或加工）、产品库存、产品销售5种。每类生产行为采用一定的技术手段，需要采购所需要的原料，并且生产相应的产品。肉类加工食品供应链6个环节中除了肉类食品流通外，其余均有生产行为，每个环节都有原料采购、原料库存、产品库存、产品销售4种行为，如图1.6所示。

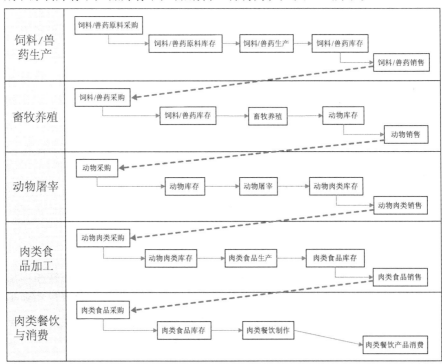

图1.6 肉类加工食品供应链各环节及其行为

上下游两个交互节点之间为供求关系，上游节点的成品即为下游节点的原料，下游节点继续生产成品作为其下游节点的原料，直到为顾客提供消费产品为止。上游节点库存产品将成为下游节点的库存原料，上游节点的销售与下游节点的采购是达成交易的必需行为。

上游节点的生产和下游相邻节点的生产之间存在两次库存、一次销售和一次采购行为，经营行为的对象没有改变，只是经营对象物理存储位置的转移，基于双方交易行为从上游供应商的仓库流向下游客户的仓库而从成品变为原料，只有生产行为改变了经营对象的属性。因此，把肉类加工食品供应链的经营行为划分为生产行为和交易行为，交易行为包含销售、采购和两次生产间库存活动，肉类加工食品供应链包含 5 个生产节点的 5 种生产行为和 6 种交易行为，加上肉类食品流通节点共有 5 种生产行为和 7 种交易行为，交易行为将上下游节点连接成供应链，交易行为记录为跟踪经营对象的流向提供可靠保障。

（2）肉类加工食品质量管理模式

基于供应链的肉类加工食品质量管理，建立从源头治理到终端消费的监控体系，以投入品生产、养殖、加工、销售及消费全过程为对象进行综合型质量管理。国际标准化组织及其他国际组织制定了食品质量与安全管理体系，ISO9000 质量管理和质量保证体系系列标准、ISO14000 环境管理和环境保证体系系列标准是食品质量管理的基础，用于衡量食品是否符合基本的健康安全标准，以及是否具备参与市场进入的资格。2005 年国际标准化组织颁布的 ISO22000 标准是首个国际上统一的食品质量管理体系，将食品质量管理范围覆盖到整个供应链范围内的所有类型企业，为建立统一的食品供应链质量管理体系提供指导。

在 3 个 ISO 关键质量管理标准指导下，针对不同供应链环节，已经形成了良好操作规范和标准操作程序[7]。农业生产环节的"良好农业规范（Good Agriculture Practice，GAP）""良好兽医规范（Good Veterinarian Practice，GVP）"；食品加工环节的"良好生产规范（Good Manufacturing Practice，GMP）""卫生标准操作程序（Sanitation Standard Operating Procedure，SSOP）"和"危害分析与关键控制点（Hazard Analysis and Critical Control Point，HACCP）"；食品分销环节的"良好分销规范（Good Delivery Practice，GDP）"；食品零售环节的"良好零售规范（Good Retail Practice，GRP）"；食品餐饮环节的"良好卫生规范（Food Good Hygienic Practice，FGHP）"。食品供应链中各种规模和复杂程度的组织操作规范已被列入

ISO22000：2005《食品安全管理体系—食品链中各类组织的要求》的前提方案之中。有机整合各种食品质量安全认证体系和方法，才能真正统一供应链上食品质量关键要素的评判标准，确保食品质量安全标准在整个供应链上全面、有效贯彻，并保持一致和统一。基于质量标准体系的肉类加工食品质量管理模式，如图 1.7 所示。

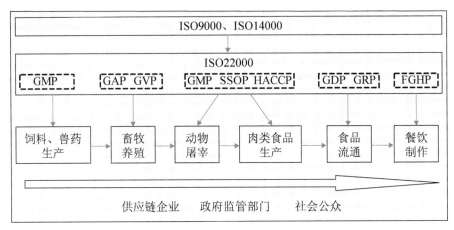

图 1.7   基于质量标准体系的肉类加工食品质量管理模式

肉类加工食品质量管理以 ISO9000、ISO14000 标准为基础，以 ISO22000 标准进行食品供应链质量管理的协调、统一与优化，通过良好操作规范体系保证整体过程中的食品质量与安全。既满足企业建立食品质量保证体系的需要，又保证了肉类加工食品在供应链上的全程质量控制，确保产品的安全性。我国食品质量安全法律法规和指导规范主要有《中华人民共和国农产品质量安全法》《无公害农产品管理办法》《中华人民共和国畜牧法》《中华人民共和国食品安全法》《食品企业通用卫生规范》《中华人民共和国食品卫生法》等。

1.3.2.2   基于 HACCP 原理的肉类加工食品质量控制

HACCP 体系是 20 世纪 70 年代发展起来的食品质量管理体系，通过对食品生产工艺流程各个环节进行危害分析，确定容易发生食品质量问题的关键控制点（Critical Control Point，CCP），采用有效的预防措施和监控手段，将不合格的产品消灭在生产过程中，并采取必要的验证措施，使产品达到预期要求[8]。该体系首先是针对食品生产企业设计，强调以预防为主，将食品质量管理的重点从依靠最终产品检验的传统方法向生产过程控制方法转移[9]。HACCP 体系实施主要包括 8 个方面：①描述产品及其用途；②绘制产品工艺流程图；③对每个生产工艺进行危害分析并确定关键控制点；④建立关键控制点的临界范围；⑤建立关键控制点的监控程序；⑥建立关键控制点的纠偏措施；⑦建立关键控制点的审核验证程序；⑧建立记录保持程序。

（1）定位肉类加工食品供应链的关键控制点

肉类加工食品的不安全因素贯穿供应链的全过程，企业除了严把内部生产各环节、加强自身产品质量管理与监督机制外，还需要加强与上下游企业的协作，对上下游企业形成外部监督机制，推动整个供应链上的相关企业实现全面质量管理。ISO22000 标准指导食品供应链各节点企业进行协同质量管理，该标准将国际上最新的管理理念与 HACCP 食品安全控制方法有效融合，采用"基于风险"的方法来建立食品安全管理体系，通过安全食品供应链的理念让初级产品供应者、食品加工商、食品零售商、消费者和政府监管部门都认识到共同分担提供安全食品的责任的重要性，并最大限度地扩展食品的追溯性，对农（畜）产品实施"从田间到餐桌"的全过程管理。在体系管理上，ISO22000 标准可以应用于食品供应链中各类企业；在危害分析上，该标准要求在整个供应链上对食品安全问题进行统一管理；在可追溯召回上，该标准要求组织建立从原料供方到消费者的可追溯系统；在沟通上，该标准要求供应链上的各节点企业在食品安全上树立整体观念、相互沟通[10]。

应用 HACCP 体系原理，对整个肉类加工食品供应链进行质量控制，需要构建肉类加工食品供应流程，确定食品供应链的关键控制点[11]。肉类加工食品供应流程如图 1.6 所示，完整的流程需要在肉类食品加工、肉类餐饮与消费这两个环节之间添加一个肉类食品流通环节，其经营行为包括肉类食品采购、肉类食品库存、肉类食品销售 3 个。

所有环节的采购、销售行为只是确定交易合同，不直接管理物流，因此，6 个环节共需要考虑生产、库存两类行为，共计 16 个经营行为。将这 16 个经营行为作为肉类加工食品供应流程的工序，评估其危害在供应链上可能产生的影响程度。影响程度用 A、B、C 表示，A 表示影响度大，不进行控制产生的危害无法消除；B 表示影响度中等，此环节产生的危害能够由下一个环节控制；C 表示影响度较小，本环节产生的危害可以由下一个或几个环节控制。根据关键控制点判断规则识别出 11 个关键控制点（CCP），如表 1.1 所示。

表 1.1　肉类加工食品供应链的关键控制点

环节序号	环节名称	经营行为	危害的影响度	是否CCP
1	饲料与兽药生产	饲料/兽药原料库存	A	是
		饲料/兽药生产	A	是
		饲料/兽药库存	B	否
		饲料/兽药库存	A	是
2	畜牧养殖	畜牧养殖	A	是
		动物库存	B	否
		动物库存	A	是
3	动物屠宰	动物屠宰	A	是
		动物肉类库存	B	否
		动物肉类库存	A	是
4	肉类食品加工	肉类食品生产	A	是
		肉类食品库存	C	否
5	肉类食品流通	肉类食品库存	B	否
		肉类食品库存	A	是
6	肉类餐饮制作	肉类餐饮制作	A	是
		肉类餐饮产品消费	A	是

（2）关键控制点的质量控制

对于肉类加工食品供应链的 11 个关键控制点的质量控制方法如图 1.8 所示，对节点行为进行质量检测、判断合格与否，合格时进入其下一经营行为；不合格时，节点企业对其经营行为进行纠偏或在此环节清除经营对象。

采用 HACCP 体系原理进行肉类加工食品供应链质量控制，主要目的是建立一个以预防为主的食品安全控制体系，最大限度地消除或减少供应链上产品的生产、储存和销售过程中的食品质量安全问题。为肉类加工食品供应链上节点企业、监管部门、社会公众提供一种科学的食品质量监测和控制方法，使食品质量管理与监管体系更为完善。高质量的产品来自于对生产过程和结果的控制，将"安全"二字设计到各产品的加工、库存过程中，在食源性疾病发生前就预先行动，监控食品供应链中的关键控制点。

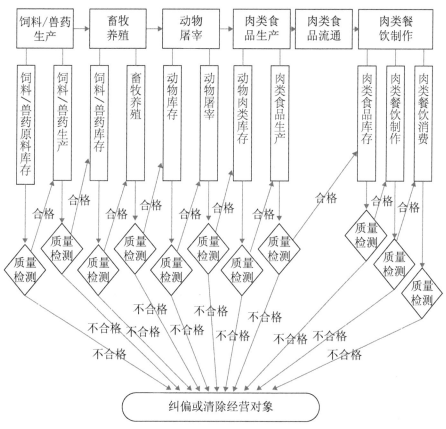

图1.8　肉类加工食品供应链关键控制点的质量控制

（3）肉类加工食品供应链质量检测模式

将肉类加工食品供应链中经营活动分为生产行为和交易行为，交易行为包括交易前供应商的库存行为和交易后客户的库存行为。依据这两种行为检测技术方法的不同，相应地将检测划分为生产检测和交易检测，根据表1.1中的11个关键控制点，构建的肉类加工食品供应链质量检测模式如图1.9所示。

肉类加工食品供应链的生产检测建立在各肉类食品经营主体内部质量控制体系基础上。传统食品质量控制方法建立在集中观察、最终产品的测试等方面，靠直觉预测潜在的食品安全问题，在最终产品的检验方面代价高昂，生产检测将食品质量控制在生产过程中。该模式中有5种生产检测：饲料/兽药生产检测、畜牧养殖检测、动物屠宰检测、肉类食品生产检测、肉类餐饮制作检测。畜牧养殖检测的内容主要包括：动物养殖地域环境，污水、污泥和有毒废气、废弃物的排放，饲料、兽药等农业投入品

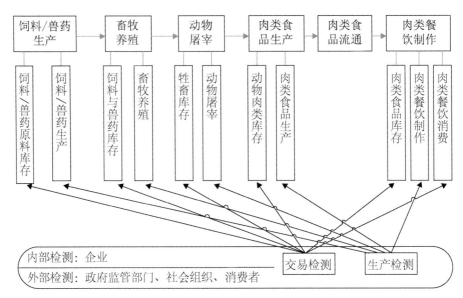

图1.9　肉类加工食品供应链质量检测模式

污染，生产技术规范，动物疫病检疫和防治工作。饲料/兽药生产检测、动物屠宰检测、肉类食品生产检测、肉类餐饮制作检测的主要内容包括：生产过程、生产设备、生产知识和操作规范、卫生状况和操作、质量控制与管理体系等。

肉类加工食品供应链的交易检测是对生产使用或产生对象的检测过程，包括饲料/兽药原料、饲料/兽药、畜牧动物、动物肉类、肉类食品、肉类餐饮6种对象。该模式中有6种交易检测：饲料/兽药原料检测、饲料/兽药检测、畜牧动物检测、动物肉类检测、肉类食品检测、肉类餐饮检测。检测依据是产品品种、质量、安全、包装、保鲜等方面的国家标准、行业标准和地方标准。

食品链相关企业与管理机构依据ISO标准和生产作业规范建立各控制点的临界范围，确定明确的工艺和操作环境参数；用关键控制点的监测结果来调节整个过程和维持有效控制；当监测系统显示某一关键控制点偏离临界范围，校正系统采取相应的纠正措施。通过多层次、多组织的检测机制，使各检测主体在内部监督和外部监督、自我约束和法律约束共同作用下保证食品质量[12]。检测主体主要包括如下4类。

①企业。由从事食品原料供应、食品生产、食品流通、餐饮服务的企业和组织构成的监管系统，包括生产检测和交易检测两个方面。生产检测要求食品原料供应、食品生产、食品流通、餐饮服务企业和组织建立、健

全本单位的食品安全管理制度，加强对职工食品安全知识的培训，配备专职或者兼职食品安全管理人员，做好对所生产经营食品的检验工作，依法从事食品生产经营活动。交易检测要求所有企业和组织在生产经营过程中履行关联企业调查义务，食品生产者采购食品原料、食品添加剂或关联产品时，应查验供货者的许可证和产品合格证明文件；食品经营者采购食品，应当查验供货者的许可证和食品合格的证明文件。

②监管部门。由食品药品监督管理、卫生、农业等部门构成，食品药品监督管理部门承担食品安全综合管理职责，对食品加工、食品流通和餐饮服务实施监督管理，农业部门对初级产品生产实施监督管理；卫生部门同时对餐饮服务活动进行监督管理。

③社会组织。与食品行业不存在直接利益关系的社会组织有食品行业协会、社会团体、群众性自治组织、消费者协会和新闻媒介等。食品行业协会的作用是加强行业自律，引导食品生产经营者依法生产经营，推动行业诚信建设，宣传、普及食品安全知识；社会团体、群众性自治组织的作用是开展食品安全法律、法规及食品安全标准和知识的普及工作，倡导健康的饮食方式，增强消费者食品安全意识和自我保护能力；新闻媒体的作用是开展食品安全法律、法规及食品安全标准和知识的公益宣传，并对违法行为进行舆论监督。

④消费者。食品安全风险重要利益相关者是食品消费者，食品安全风险最普遍的监督人员也是消费者。消费者通过用手投票推动国家或第三方的监管；用脚投票（品牌选择）对肉类加工食品经营者的经济利益进行影响，使食品经营者认识到食品安全关系到自身的经济利益；通过举报食品经营中的违法行为对食品质量进行外部监管；通过对食品安全监督管理工作提出意见和建议来影响食品安全监管。

1.4　肉类加工食品质量的可追溯管理

1.4.1　食品质量可追溯管理的目的

肉类加工食品的内在质量属性，具有信用品属性，消费者较难准确检测。这导致肉类食品市场存在严重的逆向选择和信息不对称现象，是发生食品质量问题的重要原因之一。根据发达国家的解决方法，肉类加工食品经营企业可以通过利用可追溯系统来证实这类信用属性，从而消除由于市场信息不对称而引起的逆向选择，同时也使消费者有可能通过信息的完全化与透明化选择符合质量标准的商品[13]。

根据国际食品法典委员会与国际标准化组织的定义，可追溯系统（Traceability System，TS）可以表述为"通过登记的识别码，对商品或行为的历史、使用或位置予以追踪的能力"[14]。可追溯性是利用已记录的标识（这种标识对每一批产品都是唯一的，即标识和被追溯对象有一一对应关系，同时这类标识已作为记录保存）追溯产品历史（包括用于该产品的原材料、零部件来历）、应用情况、所处场所或类似产品或活动的能力。在实践中，"可追溯性"指的是关于食品供应体系中食品构成与流向的信息与文件记录系统。

肉类加工食品可追溯管理及其系统的建立应包含整个食品生产链全过程，从动物的产地及饲养到产品加工过程，直到终端消费的各个环节。肉类加工食品实施可追溯管理，能够为消费者提供准确而详细的有关肉类食品的信息。可追溯系统作为一套有效的控制质量安全和提高效率的管理工具，它可以提升信息的依赖度、各环节的效率和食品安全的控制，有效改变供应链中各主体的行为模式。具体表现为以下几个方面。

①克服信息不对称，维护消费者对食品质量属性的知情权。消费者在购买肉类食品的时候，会有意识地选择某些其比较了解的生产商的产品，越来越多的消费者要求更多地了解其消费产品在食物生产链条中的细节信息，如生产地、生产过程及含辅料添加情况。

②促使生产经营者承担食品质量安全责任。可追溯系统可体现商品交易效率的改进，它保证了交易完成后惩罚机制的有效性和消费者的延迟权利，将质量安全产权界定给适当的责任人，从而改变了生产者的预期，保证了产品的质量[15]。生产者需要对与产品安全性有关的生产加工信息进行记录、归类和整理，利用网络信息技术提供给消费者，以增强其消费信心；同时，能够促进生产者改进生产工艺，不断提高产品质量。

③提高肉类加工食品的风险监控与突发事件应急处理能力。建立区域或跨区域肉类加工食品质量信号指引机制进行风险监控，减少家畜、微生物、化学物质等导致的传染性疾病的传播和消除传染源。食源性疾病爆发时，利用"可追溯"系统工具追根溯源，有效控制病源食品的扩散和实现追踪，提高肉类食品安全突发事件应急处理能力。

1.4.2 肉类加工食品质量可追溯管理模式

肉类加工食品供应链中从上游到下游的节点企业依次为饲料（兽

药）生产企业、动物饲养企业（户）、动物屠宰企业、肉类食品加工企业、肉类食品流通企业、肉类食品餐饮企业（或消费者）6类关键节点企业，相邻两个节点间是供需关系，上游节点企业为下游节点企业提供其生产所需的原料，基于双方的交易合同，原料从上游节点流入下游节点[16]。每个节点企业将生产信息及生产的产品信息按约定格式上传到肉类加工食品质量追溯系统，饲料（兽药）生产企业还需上传饲料（兽药）原料信息，肉类食品餐饮企业需上传肉类食品餐饮消费相关信息；同时，各节点企业可以从质量追溯系统获取需要的信息[17]。肉类加工食品质量可追溯管理模式如图1.10所示，依据追溯系统数据，上游企业可以进行食品流通与使用跟踪，下游企业或消费者可以追溯食品生产或物流过程。

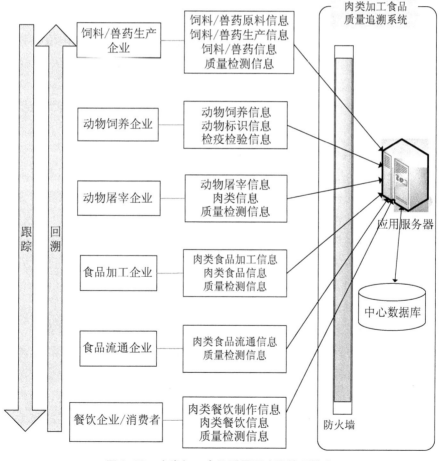

图1.10　肉类加工食品质量可追溯管理模式

　　基于各节点生产对象的标识，由肉类加工食品质量追溯系统对它们进行追踪监测，当发生食品质量问题时，风险管理人员能迅速加以认定，沿整个肉类加工食品链追溯问题的起源，并由执法部门和关联企业进行纠正。

1.4.3　肉类加工食品质量追溯系统

1.4.3.1　质量追溯系统的功能结构

　　基于肉类加工食品供应链的 6 个环节，将肉类加工食品质量追溯系统分为饲料（兽药）生产、畜牧养殖、动物屠宰、肉类食品加工、肉类食品流通、肉类餐饮制作 6 个子系统。可追溯的一个基本条件是个体标识，因此，为肉类食品流通子系统之外的 5 个子系统设计了产品标识管理模块；可追溯系统的一个主要功能是跟踪产品生产与流通历史，所以为各子系统设计了档案管理模块；为了实现肉类加工食品供应链中数字化监测与预警，为各子系统设计了安全监测管理模块，以及作为关键控制限值来源的标准和法规管理模块[18]。为了保证系统正常运行，为各子系统中设计了系统维护管理模块；为使消费者在购买肉类食品、消费肉类餐饮时了解质量信息，为肉类食品流通子系统、肉类餐饮制作子系统设计了肉类食品查询模块。

　　（1）饲料（兽药）生产子系统

　　饲料与兽药生产子系统主要实现饲料与兽药生产与储存的档案记录和管理，兽药和饲料原料的购买、储存、领取及使用，生产环境是否符合国家或地区的标准和法规，对违规现象进行预警。主要对饲料与兽药原料、生产环境及饲料与兽药原料进行监测与预警，相对应的标准和法规也分为饲料与兽药原料、饲料与兽药、生产环境 3 类。饲料与兽药生产子系统详细功能如图 1.11 所示。

　　（2）畜牧养殖子系统

　　畜牧养殖子系统主要实现动物从出生到出栏的档案记录和管理，兽药、饲料和消毒产品的购买、储存、领取及使用，养殖环境是否符合国家或地区的标准和法规，对违规现象进行预警。主要对兽药、饲料、消毒产品及养殖环境进行监测与预警，相对应的标准和法规也分为兽药、饲料和环境 3 类。与地点转换有关的档案有：生猪进入猪场，包括生猪的出生和外购两种情况；生猪从场内某猪舍转到另一个猪舍，即生猪转群；生猪离开猪场，包括淘汰和出售。畜牧养殖子系统详细功能如图 1.12 所示。

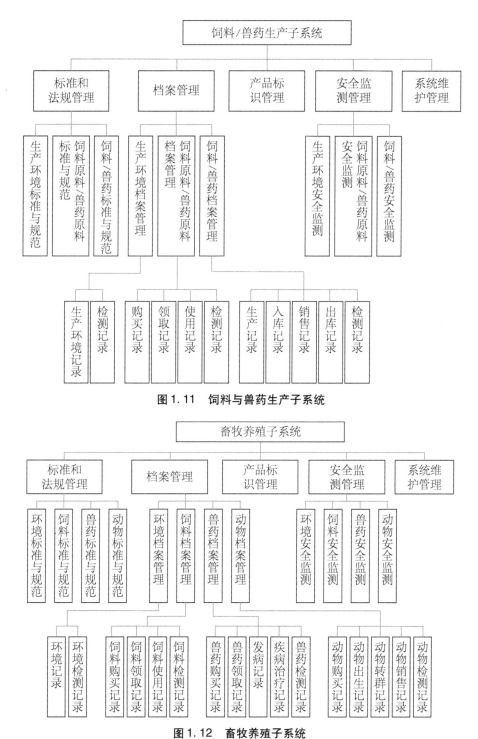

图 1.11 饲料与兽药生产子系统

图 1.12 畜牧养殖子系统

（3）动物屠宰子系统

动物屠宰子系统主要实现动物运输监控、动物个体标识信息的转换、动物屠宰档案记录和保存、动物肉类检验结果监控、动物肉类存储及运输监控，对违规现象进行预警。其中与地点转换有关的档案有：动物进入屠宰场，即动物运输；从动物到动物肉类的转换，即屠宰记录；动物肉类冷藏，分为动物肉类入库和动物肉类出库；动物肉类出屠宰场，即动物肉类运输记录。动物屠宰子系统详细功能如图 1.13 所示。

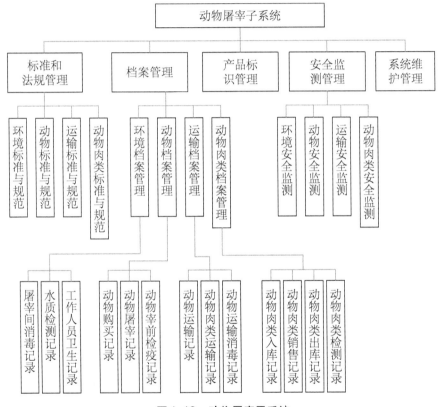

图 1.13　动物屠宰子系统

（4）肉类食品加工子系统

肉类食品加工子系统主要实现肉类食品生产与储存管理，肉类购买、储存及使用，生产环境是否符合国家或地区标准和法规，对违规现象进行预警。主要对动物肉类、肉类食品及生产环境进行监测与预警，相对应的标准和法规也分为动物肉类、肉类食品及生产环境 3 类，肉类食品加工子系统详细功能如图 1.14 所示。

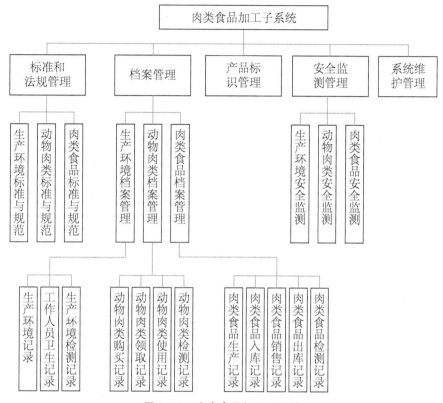

图 1.14　肉类食品加工子系统

（5）肉类食品流通子系统

肉类食品流通子系统主要监控肉类食品在流通、销售环节的环境安全卫生，流通、销售人员健康状况及猪肉存储是否符合相关法规和标准；同时提供消费者信息查询功能，可以查询兽药、饲料原料直到肉类食品的档案信息，提高肉类食品的质量透明度，增加消费者对肉类食品的信任度，同时增加肉类食品的价值。肉类食品流通子系统主要管理运输、储运、进货、销售及预警等信息，详细功能如图 1.15 所示。

（6）肉类餐饮制作子系统

肉类餐饮制作子系统主要监控肉类餐饮生产、消费中的安全卫生，生产、销售人员健康状况，厨房、餐饮环境是否符合国家或地区标准和法规，对违规现象进行预警，同时提供消费者信息查询功能，可以查询兽药、饲料原料直到肉类食品的档案信息。主要对肉类食品、肉类餐饮及生产环境进行监测，相对应的标准和法规也分为肉类食品、肉类餐饮及生产环境 3 类，肉类餐饮制作子系统详细功能如图 1.16 所示。

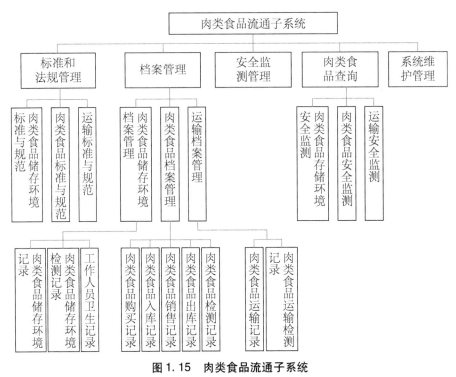

图 1.15　肉类食品流通子系统

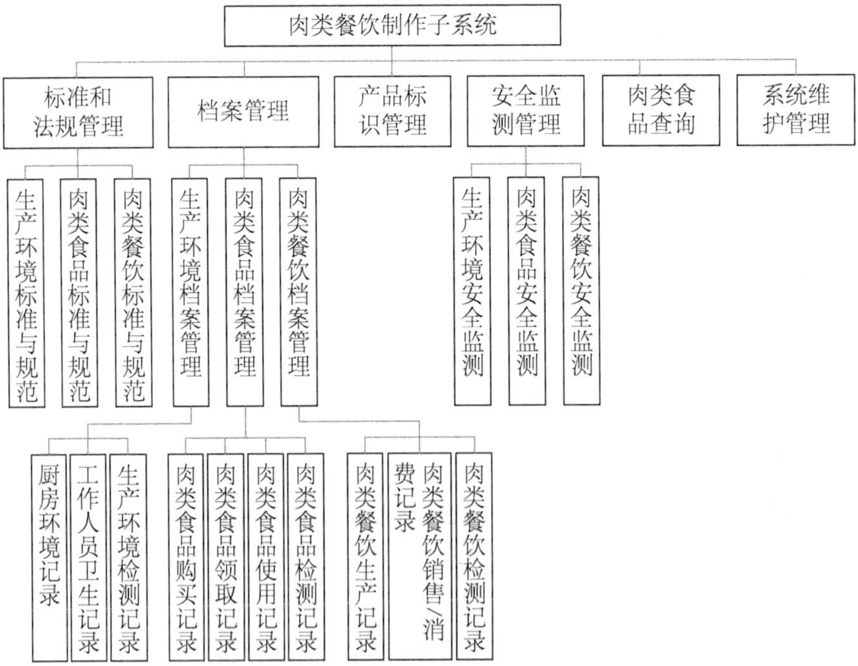

图 1.16　肉类餐饮制作子系统

1.4.3.2　质量追溯系统的网络结构

可追溯系统的实施有两种不同的视角:一种是企业为追求自身利益的最大化,在一定程度上使消费者了解产品生产过程和质量属性而主动实施,而且要求可追溯系统融入现有交易和生产环境中;另一种是监管部门为了规范市场行为,发生食品质量问题时能准确查找问题,通过法规强制性要求食品生产经营企业实施可追溯系统来提高市场传递信息的能力,可追溯系统的使用也会对现有的交易和生产系统产生影响。

根据河南省及全国肉类食品行业现状,肉类食品加工骨干企业能够建立自己的追溯系统,但覆盖面有限,多数中小企业经营者因为供需不稳定、缺乏资金和技术难以实施,消费者信息获取环境没有明显改善,信息不对称问题仍然严重。建议由政府监管部门设置统一的食品质量信息中心,建立集中型肉类加工食品质量追溯系统,将各节点企业质量数据统一保存,为供应链中企业及消费者提供信息服务,负责信息收集、保存和共享等工作,保证肉类加工食品质量信息的权威性和一致性,系统网络结构如图1.17所示。

肉类加工食品供应链节点企业及消费者分布在不同的地域,采用Internet/Extranet连接,降低小型经营者技术成本,同时保证企业数据的安全网络传输。服务器端应用可以采用J2EE和.NET技术开发,采用客户机/服务器和浏览器/服务器混合架构,客户端提供窗口应用程序和Web应用程序两种模式以供用户选择,供应链中节点企业根据权限使用相应系统功能,消费者可以使用肉类餐饮制作子系统、肉类食品流通子系统的食品质量查询功能。

1.4.3.3　质量追溯系统中的对象标识

传统的动物个体标识方法包括戴耳标、打耳号、烙印、脚环及在畜体上纹刻等方式,主要用途是代表动物所有权或满足家畜育种需要。与传统方式相比,电子标识方法能够遥感测定、收集数据、监控胴体品质,并在后继屠宰加工过程中,实现产品可追溯性。许多国家把条形码与耳标结合使用,同时射频识别技术应用于动物个体标识,以瘤胃丸的形式分布于动物个体的腋窝、上唇或者耳下[19]。

① 养殖阶段。2002年,农业部发布了《动物免疫标识管理办法》,对猪、牛和羊强制使用统一的塑料耳标,耳标上印制编码,且编码全国统一,通过耳标编码可唯一区别畜体。目前,所使用的塑料耳标只能靠肉眼读取耳标上的号码,速度慢、自动化程度低。为了尽可能地降低成本和减

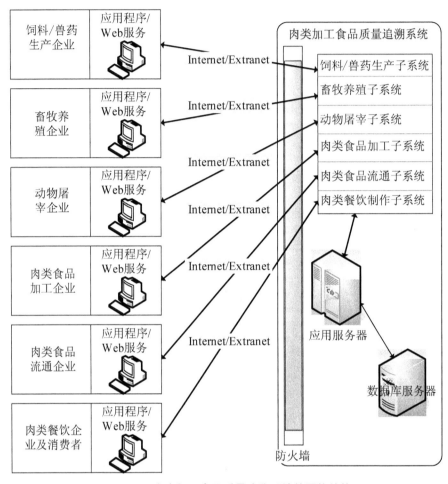

图 1.17　肉类加工食品质量追溯系统的网络结构

少工作量，系统在现有耳标基础上添加激光雕刻的二维条码，二维条码数据就是耳标编码。二维条码所表示的数据量大，具备纠错功能，图像较小，在现有耳标上可直接实现，而且自动化程度高。

②屠宰阶段。在生猪屠宰中，耳标与胴体分离，原有标识信息不复存在，必须采用新的标识方法来标识屠宰过程中的胴体。由于屠宰场的环境特殊，同时考虑较低的经济成本和较高的自动化程度，可以选用可循环使用的无线射频电子标识（RFID）来标识胴体，通过控制程序实现 RFID 号与耳标号的对应关系。

③屠宰分割后。当胴体下屠宰线后，系统读取 RFID 号，通过数据库来获得对应的耳标号，用一维条形码对胴体或分割肉进行最终的标识，直

到肉类食品加工,这样可保证每个批次的肉类加工食品能够对应来源动物的标识码。

1.5 肉类加工食品质量保证机制

1.5.1 创新食品供应链模式

(1)创新供应链组织模式

畜牧动物是肉类加工食品的基本原料,其质量高低对于肉类加工食品的质量好坏有极为重要的作用。而对于畜牧动物的供应者——养殖户而言,千家万户搞生产、千家万户进市场,不仅无法保障产品质量,而且一旦发生质量问题,也无法开展质量追溯。要解决分散的农户养殖与产业化龙头企业之间的矛盾,关键是要解决农户养殖分散化问题,需要把养殖户组织起来。研究发现,作为理性经济人的龙头企业和养殖户,在契约不完全、机会主义倾向等情况下,养殖经济合作组织等中介组织介入可以有效监督双方履约行为,"龙头企业 + 中介组织 + 养殖户"这一契约模式可以最大限度地保证订单的履约率[20]。

通过养殖经济合作组织将养殖户组织起来,一方面在市场上与龙头企业处于同等博弈的地位,另一方面合作组织内部对其成员的监督成本要比龙头企业直接监督养殖户要小得多、更加有效,而且使得畜牧动物的质量追溯也有了明确主体。该主体出于自己声誉和长期合作关系考虑,就会减少机会主义行为,放弃不符合长期要求的短期利益。养殖经济合作组织的出现对于协调和处理好养殖户与龙头企业的关系,保障肉类加工食品质量具有重要的作用。要建立完善的肉类加工食品质量追溯体系、保障食品质量安全,就必须促进中国零散、原子式的生产经营者主体向结构化、规模化方向发展。对此,要大力培育壮大肉类食品生产企业、养殖经济专业合作组织,提高农产品生产和经营的组织化程度。积极推进"龙头企业 + 中介组织 + 养殖户"的肉类加工食品质量保证模式,通过不断提高农产品生产和经营组织化程度,建立生产者和经营者的利益联结机制和约束机制,推动肉类加工食品的标准化生产、产业化经营和规范化管理,为质量追溯培育载体。

(2)完善供应链中主体间信任与利益协调机制

信任是合作的前提。肉类加工食品由于内在品质衡量成本较大,如果企业之间不能建立良好的合作关系,无疑会导致企业对产品质量做出错误评价，忽视质量问题。这不但使本企业面临质量风险、降低了企业质量管理效率，而且往往对相关企业的发展及其产品质量造成严重影响。供应链管理的目的是最大化供应链的总体效益，在发展肉类加工食品供应链的过程中，各主体是利益共同体，是相互合作的伙伴。竞争体现在供应链与供应链之间，而不是企业之间。因此，要保证肉类食品质量安全，供应链上所有相关主体必须互相信任，实现信息共享，加强供应链上下游企业合作，特别是要实现供应链价值共享，这样才能共同保证从生产到消费的整个过程的产品质量安全，提高整个过程的质量安全管理效率。

要加强肉类加工食品供应链上相关企业的彼此信任，提高大家关注质量问题的积极性，必须采取利益诱导和利益刺激方式，让相关企业认识到如果质量出了问题，最终价值得不到实现，这样链条上的每个企业都将面临经营难以为继的现实。所谓食品供应链的背后实际是一条价值链，在这一条价值链上，各个企业形成了一个利益共同体，彼此难以分离。供应链要健康持续地发展，供应链上所有主体必须共享价值链带来的利润，也就是价值共享。如果价值不能共享，一些从事低附加值环节的企业就没有动力去为其下游环节的企业提供高质量的产品，这样就会导致下游企业的产品质量得不到保障，最终价值难以实现。

以肉类加工食品价值链为例，越是上游环节利润越薄，越是下游环节利润越丰厚，下游企业要保证自己生产的食品质量有保障，价值可以实现，就必须给予上游环节一些利润，否则上游环节不会有动力做出提供产品质量保证的承诺。当然，要真正发挥质量保证的作用，除了政府建立健全法律法规、加强监管外，更重要的是肉类加工食品供应链上主体之间能否依靠市场机制将其自身利益与供应链整体利益结合起来，形成稳定、牢固的纽带。供应链上相关主体间的这种纽带关系并不是靠契约就能解决的，而是所有主体在重复博弈、信誉机制、激励机制、惩罚机制、直接干预等多元化的供应链管理制度作用下逐步形成的。

（3）发挥核心企业对整个肉类加工食品供应链的管理

在构建供应链的过程中，总有一个企业（可以是供应商、生产商或零售商）充当发起者，成为供应链的核心。因此，供应链是围绕着核心企业建立起来的，如果将供应链看作一种企业联盟的话，核心企业就是整个供应链的盟主。这种结构方式有利于企业间达成合作协议，降低交易成本，加强供应链的管理，提高供应链的运行效率。由于核心企业是供应链的信息交换中心和供应链上物流集散的"调度中心"，使其具有强大的整合能力，不但可以全方位协调供应链条上处于不同位置的企业，而且可以对整个供应链起到监督管理作用。例如，河南省的双汇、众品、大用等肉类食品加工企业对于整个肉类加工食品供应链都发挥了核心作用。发挥核心企业的独特作用，有助于整个肉类加工食品供应链的质量保证和质量改进。要强化肉类加工食品质量，必须在整个供应链上找出具有核心地位的企业或组织，让它们发挥管理、控制、监督整个食品供应链质量的作用。

一方面，需要在政府宏观指导下，引导肉类加工食品供应链上的核心企业建立符合社会发展需要的食品供应链。核心企业按照消费者的需求，将终端市场信息反馈给供应链各主体，引导相关主体密切关注社会发展和消费者偏好的变化；核心企业还可以将"绿色""环保""可持续"等观念贯穿到相关主体的经营活动中去。

另一方面，在核心企业的引导下，有助于通过"声誉机制""重复博弈""集体监督"建立相对封闭的肉类加工食品供应链系统，并实现核心企业对供应链的管理。只有相对封闭，才有可能保证整个供应链系统的相对稳定发展。一般而言，规模大的企业比规模小的企业更具有提高质量的积极性。因此，对于封闭供应链而言，核心企业为树立自己的声誉、打造自己的品牌，通过设置相关企业加入供应链的标准，也就是技术、资本、质量和信用标准等加强对供应链的管理，规范成员的行为。

当前，企业与企业之间的竞争逐渐被供应链之间的竞争所取代。对于任何供应链来讲，其收入来源只有一个，那就是最终消费者为最终产品所支付的费用，但供应链内所有的质量、物流、信息流、资金流都要产生成本，对它们的管理是供应链成功的关键所在。要大力推动核心企业纵向一体化发展，实现肉类加工食品供应链纵向一体化，将生产、加工、销售等环节连接起来，减少企业分散所导致的机会主义和道德风险，确保食品质量安全。

（4）建设绿色肉类加工食品供应链

经济的发展和社会的进步也使人们更加关注自身健康和生活环境，在20世纪70年代，全球掀起了一股"绿色浪潮"，"绿色"成了无污染、无公害、环保的代名词。在此背景下，各国纷纷提出了有关的食品安全概念，如"有机食品"（Organic Food）、"绿色食品"（Green Food）等，作为一种能有效解决现代农产品质量问题的途径，已引起各国的广泛重视。

我国于1989年提出"绿色食品"概念，其定义是："遵循可持续发展原则，按照特定生产方式生产，经专门机构认定、许可使用绿色食品商标的无污染的安全、优质、营养类食品。"绿色食品分为 A 级和 AA 级两个级别：A 级绿色食品在其生产过程中允许限量使用限定的化学合成物质，是可持续发展农业产品；AA 级绿色食品要求在其生产过程中不使用任何化学合成的肥料、农药、兽药、饲料添加剂、食品添加剂和其他有害环境和身体健康的物质，相当于国际上的有机食品。目前我国绿色食品绝大多数属于 A 级标准，总的来看，我国绿色食品产业还处于产业形成的初期，尚未形成应有规模，这在一定程度上制约着我国绿色食品的渗透力和市场发育。

目前，我国肉类加工食品流通的主渠道中，各个摊位业主的经营规模太小，没有太多的沉没成本形成，不可能也没必要建立自己的市场信誉。沉没成本太小，意味着市场进出几乎没有障碍，基本上属于完全竞争市场。该市场要求产品同质，即对于同质产品交易，该市场是有效率的，而对于差别化产品如绿色肉类加工食品与普通肉类加工食品共存的交易，该市场因无法为消费者提供完备质量信息，最终导致市场失败。肉类加工食品交易市场存在明显的信息不对称，这使高质量的绿色肉类加工食品难以在市场立足，交易成本过高，市场交易缓慢，市场认知度低。肉类加工食品的流通、交易环节过多，物流成本增加。食品生产企业过多依赖传统流通渠道即多级批发市场进行销售，物流效率低、产品损耗大，最终造成绿色肉类食品价格明显偏高，偏离实际需求。

要促进绿色肉类加工食品产业的健康发展，必须有效地培育、利用市场流通系统。从解决市场信誉问题出发，改变目前肉类加工食品流通市场结构，将目前以批发市场为主的流通方式转变为以连锁经营和超级市场为主的新型流通方式。实际上是把产品无差别的完全竞争市场转变为产品差异化的垄断竞争市场，进而利用市场竞争机制，推动肉类食品生产效率和产品质量的同步增长。

由于绿色肉类加工食品质量是一个过程质量，肉类加工食品的生产过程和物流过程都会影响食品的质量，目前通过市场购销形式的松散结构导致很难对其质量进行控制。因此，必须采用供应链管理手段，通过交易伙伴间的密切合作，以最小的成本为客户提供最大的价值和最好的服务，从而提高整个供应链运行效率和经济收益。将供应链管理理论运用到肉类加工食品产业，构建绿色肉类加工食品供应链，使供应链上各主体以长期合作契约交易替代随机的市场交易。

1.5.2　完善监管部门协作与责任追溯机制

1.5.2.1　监管部门间协作

（1）传统食品质量监管机构协作中的问题分析

肉类加工食品从饲料、兽药生产到餐桌整个生产经营链条包括多个环节，只有与食品链流动方向一致的食品安全监管体系才能消除多环节、多部门、多地域管理带来的监管冲突与监管空白。2008 年，我国实行以"大部制"为特征的国务院机构改革，2009 年 2 月 22 日颁布了《中华人民共和国食品安全法》（以下简称《食品安全法》），对原有食品质量监管体制做了一系列调整。按照食品链的源头、生产、流通、消费环节，分别将食品质量监管权配置给农业、商务、质检、工商及食品药品监督管理等部门，国家食品药品监督管理局改由卫生部管理[21]。《食品安全法》规定卫生部承担食品安全综合协调职责，国务院食品安全委员会对食品安全监管进行总体的协调和指导，加强部门间的配合，各监管机构与肉类加工食品供应链各环节的对应关系如图 1.18 所示。

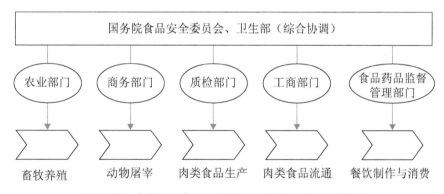

图 1.18　肉类加工食品供应链不同环节的质量监管机构

传统食品质量监管体制基于"一个环节由一个部门监管"的原则，采取"分段监管为主、品种监管为辅"的方式，重点放在如何整合某个监管具体环节，强调环节内监管主体的单一化和监管职权的集中。在一定程度上缓解了以前监管不力和责任不清的状况，但是对环节之间的机构和职权整合重视程度不够。监管部门数量众多，"碎片化"现象严重；食品安全标准体系混乱，监管部门各自为政，失去了标准的权威性和统一性；部门监管职能边缘化导致监管绩效不高；部门间的监管资源共享程度相对较低[22]。

卫生部门的行政地位与其他食品安全监管部门同级，难以获得足够综合协调资源及权威来协调其他几个同级食品质量监管部门，省级以下实行分级管理体制的卫生部门难以协调实行垂直管理或半垂直管理的其他部门，缺少明确并被普遍认可的协商机制[23]。对于各级食品安全委员会，其在履行综合协调职能时，面临着法律依据、行政权威、资源保障及与卫生部门两个协调机构之间关系等问题，缺乏具体的制度安排及资源配置。食品质量监管资源依然以部门职能作为配置基础，强调部门之间的专业化分工、职能划分及管辖权限，相对忽视横向部门之间的沟通与合作，使得各个环节上的监管部门功能固化。

（2）新时期监管部门间合作执法机制的优化设计

根据党的十八大精神和第十二届全国人民代表大会第一次会议审议通过的《国务院机构改革和职能转变方案》，我国决定组建国家食品药品监督管理总局对食品药品实行统一监督管理。2013 年，国务院发布了《国务院关于地方改革完善食品药品监督管理机制的指导意见》，要求省、市、县级政府原则上参照国务院整合食品药品监督管理职能和机构的模式，结合本地实际，将原食品安全办、原食品药品监管部门、工商行政管理部门、质量技术监督部门的食品安全监管和药品管理职能进行整合，组建食品药品监督管理机构，对食品药品实行集中统一监管，同时承担本级政府食品安全委员会的具体工作。各级地方政府结合本地实际进行了不同程度的机构改革，在解决监管机构协调的同时，也出现了专业力量不足、监管工作量过大、单列模式与综合模式的争论等新的问题。

建立统一的食品药品监督管理机构，可清晰界定并强化食品质量监管部门的监管责任，避免监管职能在单一部门内部边缘化；整合监管资源进行合作执法，在机构、人员、技术、信息等多方面协同和互补，实现对食品供应链质量的全程监控，降低制度成本，形成一个与食品供应链匹配的监管链，解决政出多门、监管盲点、灰色区域与重复监管等问题[24]。

基于肉类加工食品供应链中生产行为与交易行为的划分及所采用技术的不同，将监管划分为生产监管和交易监管。产生 5 种生产监管：饲料与兽药生产、畜牧养殖、动物屠宰、肉类食品生产、肉类餐饮制作，农业部门负责前 2 项生产监管，食品药品监督管理部门负责后 3 项生产监管。产生 6 种交易监管：饲料和兽药原料、饲料兽药、畜牧动物、动物肉类、肉类食品、肉类餐饮。饲料和兽药原料交易监管和饲料兽药交易监管由农业部门单独负责；畜牧动物交易监管因涉及两个部门，设计成立畜牧动物交易联合监管机构负责；动物肉类交易监管、肉类食品交易监管、肉类餐饮交易监管由食品药品监督管理部门单独负责，不同类型监管业务与其监管部门的对应关系如图 1.19 所示。

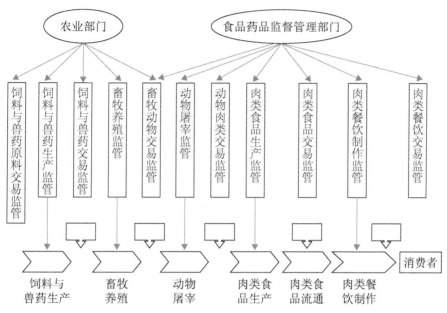

图 1.19　肉类加工食品供应链的质量监管

农业部门和食品药品监督管理部门成立一个畜牧动物交易联合监管机构负责交易环节监管，可以实现人力、技术、信息共享，交易监管机构由两个部门共同领导，可以与其前后两个生产监管环节对接，实现部门间协同监管，提高监管效率，降低监管成本[25-27]。

1.5.2.2　质量监管责任追溯

（1）食品质量检测数据处理

政府监管部门掌握食品安全检测技术，具有质量检测和执法权力。采取科学方式，对肉类加工食品供应链各环节进行全方位监管，对企业的"败德行为"实行仲裁和惩罚。在企业、监管部门、社会组织、消费者四位一体、内外部相结合的一体化检测模式下，肉类加工食品供应链的饲料与兽药生产、畜牧养殖、动物屠宰、肉类食品加工、肉类食品流通、肉类餐饮制作 6 个环节发生业务行为时，政府监管部门及时检测并获取信息，根据权限将数据上传至肉类加工食品质量追溯系统中存储，其数据处理模式如图 1.20 所示。

　　该数据处理模式建立在肉类加工食品供应链质量检测模式与政府监管部门间合作执法基础之上，质量检测数据需要与肉类加工食品质量追溯系统中企业应用子系统相融合，实现检测数据的有效集成。

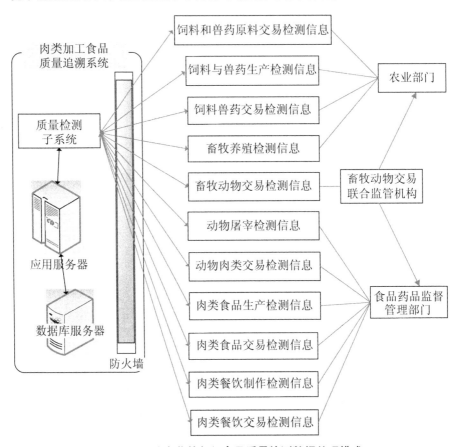

图 1.20　政府监管部门食品质量检测数据处理模式

（2）对肉类加工食品质量监管机构的责任追溯

　　肉类加工食品供应链质量检测包括生产检测和交易检测两种类型的 11 项，交易检测的对象为饲料（兽药）原料、饲料（兽药）、畜牧动物、动物肉类、肉类食品、肉类餐饮 6 种；生产检测对象为饲料（兽药）生产、畜牧养殖、动物屠宰、肉类食品加工、肉类餐饮制作 5 个环节的生产过程。肉类加工食品供应链质量检测直接关联 3 个政府监管机构或子机构，包括：农业部门、畜牧动物交易联合监管机构、食品药品监督管理部门，部门具体检测人员承担相应检测责任。所有类型的质量检测和监管机构构成了肉类加工食品质量监管链，该监管链模型如图 1.21 所示。

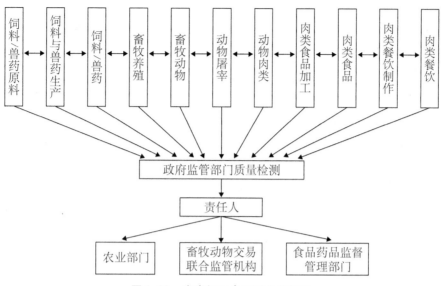

图1.21 肉类加工食品质量监管链

肉类加工食品质量监管链中相邻两项检测可以依据肉类加工食品质量追溯系统中的生产、供需记录建立关联，当某个环节发生质量问题，根据食品监管部门检测数据找到检测负责人及其所在的部门，根据上游关联环节，找到上游相关环节检测负责人及其所在的部门，由这些检测负责人及其所属部门承担质量监管责任。

同时，需要建立健全消费者、新闻媒体和行业协会对政府监管机构的社会监督。首先，要增强消费责任意识，关注报纸、电视、网络媒体报道的食品安全问题，积极参与食品安全听证会，提出对食品问题的建议，加大对政府监管机构的监督。通过网络渠道进行信息反馈，参与对政府监管机构食品安全工作的监控和评估。通过媒体约束和监督，对政府监管机构履行社会责任状况进行监督，对渎职行为加大曝光力度，有助于其发挥早期预警和监督作用，形成有利于加强食品质量管理的舆论环境。

1.6 结束语

从根本上认识和解决食品安全问题，真正保证人们获取充足、安全、健康的食品，并不是仅仅依靠一些法律制度的颁布就可以解决的，它需要企业、政府、消费者的共同努力。

企业社会责任要求企业承担对消费者、员工、社区、政府和环境的社会责任，包括遵守商业道德、食品安全、职业健康等。在供应链层次进行严格的肉类加工食品安全社会责任治理，有利于相关利益主体减少信誉风险，降低成本，进而提高供应链的整体竞争力。食品质量社会责任治理单纯通过供应链的内部管理很难实现，必须通过政府公共治理从供应链外部施加影响，发挥政府不可替代的作用，改进整个肉类加工食品供应链的质量监管；要引导社会全体成员关注食品质量安全的氛围，创造条件发挥社会公众、新闻媒体对食品质量的监督作用。消费者养成责任消费意识，以"货币投票"的形式，自觉增加优质食品的消费，抵制劣质食品的销售，对没有社会责任的企业进行负面激励。

第 2 章 面向信息共享的食品
行业敏捷供应链信息系统

2.1 引言

当前的市场竞争要求企业与合作伙伴密切配合，以短时间、高质量、低成本、优服务为运营指标来获取竞争优势。为应对竞争环境的变化，增强企业快速反应能力，20 世纪 90 年代末国际上提出了动态联盟和敏捷化制造思想[28]。敏捷供应链（Agile Supply Chain，ASC）是实现动态联盟和敏捷化制造的主要方式，是在竞争、合作、动态的市场环境中，通过对商品需—产—供过程中各实体和活动及其相互关系的有效集成与控制，将供应商、制造商、分销商直至最终用户连成一个整体的有较好的柔性与快速反应能力的动态供需网络[29]。实现供应链的敏捷性需要从供应商的物料供应、产品加工、配送及销售、用户服务等出发进行全面的优化管理，使用计算机技术、信息技术与管理技术建立有效的敏捷供应链管理系统（Agile Supply Chain Management System，ASCMS）[30]。

敏捷供应链管理系统需要对供应链中各节点进行有机协调的内在功能，需要战术层次上的信息流集成，以实现供应链的一体化、同步化计划与控制。供应链节点及业务规则的动态变化增加了实施供应链系统的复杂性，需要通过多个具有自治、适应、合作性的代理合作来实现供应链管理系统的敏捷性和可重构性[31]。目前，不同对象技术的交互存在不兼容和效率低下问题，难以根据供应链的形成和解体进行低成本动态性配置。

本书采用企业建模方法进行业务、功能、流程与信息交互分析，通过标准化的数据模型模拟食品供应链中企业之间和企业内部的动态合作关系，设计了一个食品供应链节点间供需协作模型，使用 Web 服务代理实现了节点间信息共享，降低了系统构造成本。

2.2 食品供应链节点分析

2.2.1 节点识别

食品供应链由客户（含组织客户和个人客户）、经销商、制造商、供应商等不同类型的节点构成，食品供应链模型如图 2.1 所示，每种节点都有多个存在，处于竞争市场状态[32]。供应商、经销商都可以分为一级、二级到 N 级多个层次，每个层次都有多个企业；根据制造商从事产品加工类型分为初加工商、深加工商，最后食品消费者称为客户。任意两个节点之间以合同及作为购物凭据的购物小票作为合作依据，有供求关系的上下游节点之间可以采用先发货后付款、先付款后发货或者混合形式。下游节点需要向与其发生业务的上游节点传递订单和付款单，上游节点需向与其发生业务的下游节点传递发货单和发票[33]。

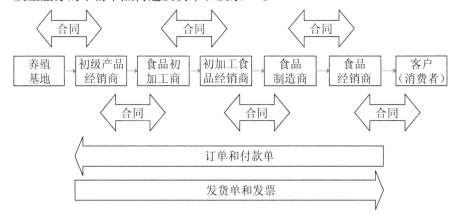

图 2.1　食品供应链模型

假设相关企业之间存在合同契约关系，已经规定双方的业务细节和为完成业务所需信息集成的意向，这些业务关系模式相对稳定，只需要技术设施的支持。技术层次上，各企业有独立的系统，发生业务联系的每两个企业的数据标准一致，不需要进行数据转换。基于食品供应链供需关系、发生的实体转移及资金流动特征，这些节点可以分为 4 种类型：销售型节点（Nodeof Sale，NS）、流通型节点（Nodeof Distribution，ND）、加工型节点（Nodeof Process，NP）和采购型节点（Nodeof Buy，NB）。

销售型节点，是指食品供应链上主要执行自有初级品销售的节点，用来表示初级产品供应源，如养殖基地。

流通型节点，是指食品供应链上执行产品（初级产品、初加工食品或者深加工食品）的采购、库存、销售功能起中介作用的节点，用来表示初级产品、初加工食品或者深加工食品的经销商（Distributor）。

加工型节点，是指食品供应链上执行物品加工与流通（原料采购、原料库存、领料加工、成品入库、成品销售）功能起改变物品性质作用的节点，用来表示食品初加工商或者食品制造商（Manufacturer）。

采购型节点，是指食品供应链上主要执行食品采购供自己使用的节点，用来表示食品的需求源（消费型顾客，Customer）。

根据节点类型的划分，食品供应链可以表示为不同类型节点之间的组合，节点之间是基于合同的需求与供给关系，其关系模型如图 2.2 所示[34]。任何一个节点都与其相邻上下游若干节点相连，供应链中源供应商属于销售型节点，原材料经销商、半成品经销商、成品经销商属于流通型节点，半成品制造商、成品制造商属于加工型节点，客户（消费者）属于采购型节点。完整的供应链中可以存在多级原材料经销商、半成品经销商、成品经销商及多级半成品制造商，半成品制造商之间也可以有多级半成品经销商。

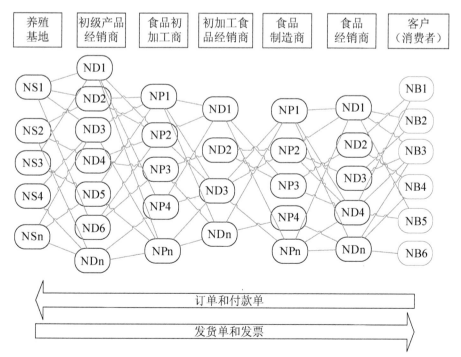

图2.2　食品供应链节点间关系

2.2.2　节点功能分析

根据食品供应链上4种类型的节点，每种节点包含不同的功能，完成供应链相关业务。销售型节点进行初级产品销售，初级产品销售需要库存和财务功能的协助，如初级产品入库、出库，处理下游节点应付账款等业务；流通型节点执行产品（初级产品、初加工食品或者深加工食品）的采购、库存、销售功能，含产品采购、入库、出库、销售及与资金流相关的业务；加工型节点执行产品加工与流通功能，含投入品采购、投入品入库、领料加工、成品入库、成品出库、成品销售及与资金流相关的业务；采购型节点主要执行食品采购功能，同时包括采购入库、食品领用及与上游节点的应付账款等业务。这4类节点之间为销售和采购关系，节点内部部分或全部具有库存、财务业务，可以识别出节点的4种功能为：销售（Sell）、采购（Purchase）、库存（Inventory）、财务（Finance）[35]。由于销售型节点中生产初级产品的主体、加工型节点中领料主体和食品入库主体、采购型节点中购买食品的主体都具有生产能力，它和库存功能紧密相关，所以需要识别出生产功能（Production）。这样，5个关键功能被识别出来，它们与4种类型节点间的关系如下。

销售型节点的功能包括销售、库存、生产、财务，分别表示为 NS-sell、NS-inventory、NS-production、NS-finance。

流通型节点的功能包括销售、采购、库存、财务，分别表示为 ND-sell、ND-purchase、ND-inventory、ND-finance。

加工型节点的功能包括销售、采购、库存、生产、财务5项，分别表示为 NP-sell、NP-purchase、NP-inventory、NP-production、NP-finance。

采购型节点的功能包括采购、库存、生产、财务4项，分别表示为 NB-purchase、NB-inventory、NB-production、NB-finance。

2.3　食品供应链节点协作模型设计

2.3.1　节点协作模型

当食品供应链中两个节点发生业务时，下游节点传递订单和付款单相关数据给其相邻上游节点，上游节点传递发货单和发票给其相邻下游节点[32]。图2.3表示供应链上仅考虑单一销售型节点、加工型节点、流通型节点和采购型节点交互时的数据传递模型。订单（Order）被定义为需求订购的节点间信息传递，付款单（Payment）是指作为需求订购支付或订购发货支付的节点间信息传递，发货单（Delivery）是指供给发货的节点间信息传递，发票（Invoice）是指作为供给发货中货币反馈的节点间信息传递。

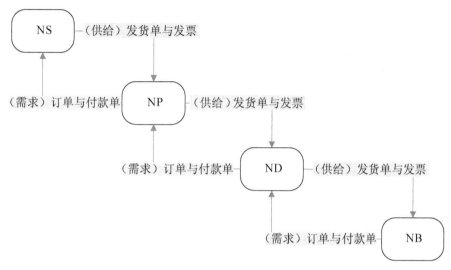

图2.3　食品供应链中节点间数据传递关系

食品供应链可以被认为是一个由4种类型若干节点构成的网络结构，除销售型节点、采购型节点处于供应链两端之外，流通型节点和加工型节点在供应链内有多种组合[35]。无论4种类型节点如何组合，食品供应链上节点间传递的数据模式具有稳定性，即都是供需关系，仅是不同节点内部功能有所区别，通过封装差异化功能与节点内部细节，可以屏蔽这种差异，关注食品供应链上的关键业务连接。不同组合下的食品供应链模型仅为复杂度的差异，并不影响节点间交互模式[36]。本书选取4类节点，每类节点仅考虑一个层次以降低复杂度，订单行为发生前已获取上游节点库存数据，基于订单推动和先付款后发货节点交互模式，按采购型、流通型、加工型、销售型节点顺序，构建了一个包含节点间和节点内部信息交互的食品供应链节点协作模型，如图2.4所示。图中数据流包括业务数据流和资金数据流，跨越节点边界的数据流为节点间信息交互，未跨越节点边界的数据流为节点内各功能间信息交互。

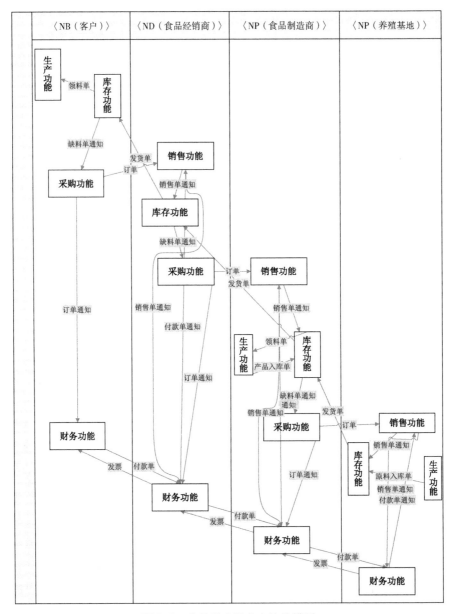

图 2.4　食品供应链节点协作模型

2.3.2　节点之间与节点内部信息交互分析

食品供应链节点协作模型中，对于节点间信息交互，4 种类型的节点在每类节点各有一个企业的情况下，4 个企业之间存在 3 次交互，每次交互需要订单、付款单、发货单、发票 4 项数据传递。这 4 种单据数据需要在发生交易的企业信息系统中分别保存，避免仅保存在一家企业所带来的商业或技术风险。为实现交互企业间信息共享，需要各企业提供相应的操作接口，数据传递的接收方企业需要提供接收数据的接口给发送方企业，使发送方企业业务发生时接收方企业能够同步接收到数据。对应于每次交互的4项数据传递，接收方企业需要提供4个数据接收接口。

不同类型节点内功能间信息交互存在差异，每次节点间信息交互的完成需要节点内功能之间的5种数据传递：缺料单通知（Notification of Short Shots）、订单通知（Notification of Order）、付款单通知（Notification of Payment）和2个销售单通知（Notification of Sale）。前2种数据传递存在于下游节点内，后3种数据传递存在于与下游节点发生交互的上游节点内。另外一类节点内功能间信息交互，不参与到完成节点间信息交互所需的循环，仅是生产功能和库存功能间的物品领用、物品入库业务，有领料单、产品入库单、节点自身生产原料的原料入库单3种，在采购型节点、加工型节点、销售型节点3类节点中存在。

根据节点间和节点内信息交互分析，可以识别出两类信息：主动型信息（Positive Information，PI）和通知型信息（Notifying Information，NI）。食品供应链节点之间的交互属于主动型信息，包括订单、付款单、发货单、发票4项数据传递，分别表示为：PI-order、PI-payment、PI-delivery、PI-invoice，这类信息由信息的发送方将信息传递给接收方。每次节点间信息交互的完成所需要的节点内功能间的5项数据传递属于通知型信息，包括：缺料单通知、订单通知、付款单通知和2个销售单通知，分别表示为：NI-short shots、NI-order、NI-payment、NI-sale，这类信息由节点内信息的发送方将信息概要传递给节点内接收方，不传递数据细节。另外，对于食品供应链上两个紧密合作的节点企业，添加一类交互信息——查询型信息（Querying Information，QI），表示为QI-material，这类交互仅是读取对方节点企业数据，不进行写操作。

2.4　食品行业敏捷供应链节点间接口设计

代理（Agent）是存在于某一环境中的抽象实体，能够感知环境，接收来自环境的消息，并且做出反应，进而能够反作用于环境[37]。服务代理（Service Agent）是基于Web service技术实现的，能够接收其环境中的消息并做出反应的软件实体，能够进行自组织、自维护、拥有自主性，服务代理之间可以跨越不同的计算平台进行通信。

2.4.1　食品行业敏捷供应链的服务代理规约

为实现食品供应链上节点间信息共享，将集成化供应链管理系统的内在机制视为由相互协作的服务代理模块组成的网络，每个服务代理实现节点的一项功能，每个服务代理又与其他代理协调运作。4 种类型节点的功能需要处理与节点内功能及与其他节点功能间的主动型、通知型、查询型 3 类交互信息，将这些必要的节点功能设计为服务代理，服务代理专注于食品供应链的业务数据传递，通过中间件服务器支持可以处理企业内部供应链相关业务和企业间业务，提高供应链响应效能[38]。

根据食品供应链节点功能分析，相邻上下游节点的交易具有理论上的标准化模式，即需要下游节点的库存、采购、财务功能，以及上游节点的销售、库存、财务功能，需要将库存、采购、财务、销售 4 类功能设计成 4 类服务代理：库存服务代理（Service Agent of Inventory，SAI）、采购服务代理（Service Agent of Purchase，SAP）、财务服务代理（Service Agent of Finance，SAF）、销售服务代理（Service Agentof Sell，SAS）。通过定义 4 类服务代理需要提供的通用输入输出操作就可以建立起相邻上下游节点间的接口关系，表 2.1 定义了 4 类服务代理间的信息传递关系。

表 2.1　4 类服务代理间的信息传递关系

服务代理	消息类型	传出信息	传入信息
采购服务代理（SAP）	主动型信息	订单	
	通知型信息	订单通知	缺料单通知
	查询型信息		物料查询
销售服务代理（SAS）	主动型信息		订单
	通知型信息	销售单通知	付款单通知
	查询型信息		
库存服务代理（SAI）	主动型信息	发货单	发货单
	通知型信息	缺料单通知	销售单通知
	查询型信息	物料查询	
财务服务代理（SAF）	主动型信息	付款单、发票	付款单、发票
	通知型信息	付款单通知	订单通知、销售单通知
	查询型信息		

为实现交易企业间信息集成，需要提供相应的操作接口，数据的接收方代理需要提供接收数据的接口给数据的发送方代理，以使发送方代理的相关数据发生时接收方代理能够同步接收到数据[39]。采用 Web service 技术，主动型信息的传入方服务代理需要提供信息传入接口供信息的传出方服务代理调用来实现数据添加；通知型信息的传出方服务代理需要提供通知服务供信息传入方服务代理调用；查询型信息的传出方服务代理需要提供查询服务供信息传入方服务代理调用[40]。

适用于4种类型节点，对于主动型信息，SAS 需提供订单输入服务，SAI 需提供发货单输入服务，SAF 需提供付款单输入服务和发票输入服务；对于通知型信息，SAP 需提供订单通知服务，SAS 需提供销售单通知服务，SAI 需提供缺料单通知服务，SAF 需提供付款单通知服务；对于查询型信息，SAI 需提供物料查询服务。3 种服务信息类型、服务提供者代理、服务使用者代理及所存在节点关系如表2.2 所示。

表2.2　服务、服务代理及所在节点之间关系

服务名称	服务表示	服务信息类型	服务提供者代理	服务使用者代理	所存在节点
订单输入	S-PI-order	主动型	SAS	SAP（下游）	ND、NP、NS
发货单输入	S-PI-delivery		SAI	SAI（上游）	NB、ND、NP
付款单输入	S-PI-payment		SAF	SAF（下游）	ND、NP、NS
发票输入	S-PI-invoice		SAF	SAF（上游）	NB、ND、NP
订单通知	S-NI-order	通知型	SP	SAF	NB、ND、NP
销售单通知	S-NI-sale		SAS	SAI、SAF	ND、NP、NS
缺料单通知	S-NI-short shots		SAI	SAP	NB、ND、NP
付款单通知	S-NI-payment		SAF	SAS	ND、NP、NS
物料查询	S-QI-material	查询型	SAI	SAP（下游）	ND、NP、NS

根据表2.2 及图2.4 中4类节点的功能分析，它们包含的服务代理如下：销售型节点包括 NS-SAS、NS-SAI、NS-SAF 3 项；流通型节点包括 ND-SAS、ND-SAP、ND-SAI、ND-SAF 4 项；加工型节点包括 NP-SAS、NP-SAP、NP-SAI、NP-SAF 4 项；采购型节点包括 NB-SAP、NB-SAI、NB-SAF 3 项。

2.4.2 食品行业敏捷供应链节点间接口模型的建立

面向信息共享的食品行业敏捷供应链节点间接口模型如图 2.5 所示。

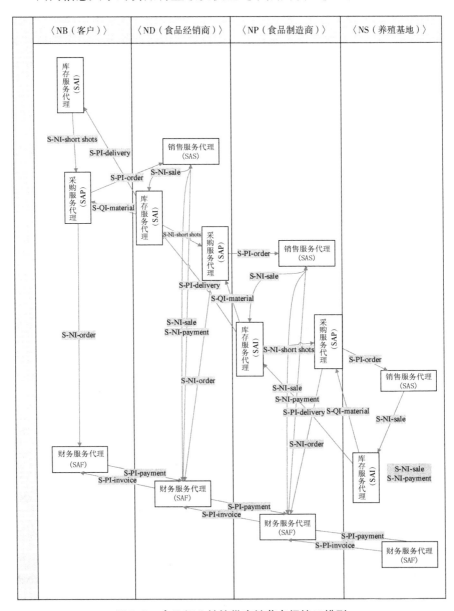

图 2.5 食品行业敏捷供应链节点间接口模型

分析食品供应链各类服务代理，销售服务代理需提供 S-PI-order、S-NI-sale 2 个服务；采购服务代理需提供 S-NI-order 1 个服务；库存服务代理需提供 S-PI-delivery、S-NI-short shots、S-QI-material 3 个服务；财务服务代理需提供 S-PI-payment、S-PI-invoice、S-NI-payment 3 个服务，这 9 个服务是实现食品行业敏捷供应链信息共享的基本关键服务，提供了实现相邻上下游节点的即时连接基础。

流通型节点和加工型节点中的 4 类服务代理都需要完全提供这 9 个服务；销售型节点和采购型节点各包含 3 类服务代理，从表 2.2 中得到这 2 种节点分别需要提供的服务个数是 5 个和 4 个。为便于数据交换，为相邻上下游节点同类信息采用一致的数据格式，使服务使用者代理接收其相邻上游（或下游）服务提供者代理传递的信息，不需要考虑数据转换操作[41]。

2.5　食品行业敏捷供应链信息系统实现技术

2.5.1　基于 Web service 的食品行业敏捷供应链节点间信息共享框架

基于 Web service 技术的食品行业敏捷供应链节点间信息共享解决方案，以私有 UDDI 为中心部署各节点服务代理需要提供的 Web service，食品行业敏捷供应链节点间信息共享框架如图 2.6 所示[42]。Web service 技术实现需要 3 个协议支持：① WSDL（Web Service Description Language）对服务进行标准的描述，定义应用与服务间通信所涉及的细节；② SOAP（Simple Object Access Protocol）实现应用与服务之间的通信，规范 Web service 调用机制；③ UDDI（Universal Description，Discovery and Integration）规定 Web 服务发布和发现的方法[43]。

食品供应链中不同企业的应用系统可以采用不同开发平台、语言及通信协议来实现，且企业内部信息系统可以保留现状，只需企业对内对外接口使用统一的对象模型——Web service 进行封装并通过 UDDI 注册机制在各节点企业私有 UDDI 注册中心登记，就可以面向 Internet/Intranet 通过 SOAP 为食品供应链上服务请求者提供商业服务[44]。服务使用者也可以通过上下游企业的私有 UDDI 发现自己需要的服务，然后通过 Internet/Intranet 远程调用该服务，可以实现跨地区和有供需关系的企业信息系统实现动态松散耦合。

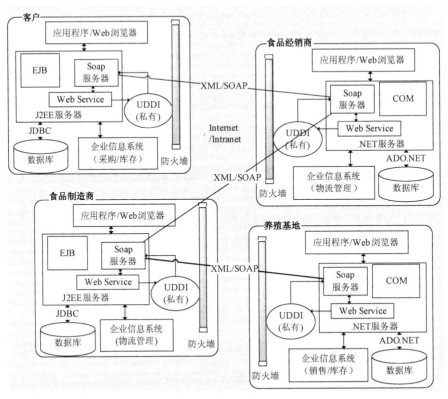

图 2.6　基于 Web service 的食品行业敏捷供应链节点间信息共享框架

2.5.2　系统实现

基于包含 4 个节点的食品供应链模型分析，使用 J2EE 平台和 Java 语言开发了客户节点的采购、库存系统和食品制造商的物流管理系统，使用.NET 平台和 C#语言开发了食品经销商的物流管理系统和养殖基地的销售、库存系统。对应前面客户、食品制造商、食品经销商、养殖基地的服务代理规约，使用 VisualStudio. NET 和 Eclipse 工具分别生成 4 个、9 个、9 个、5 个服务，使用 J2EE JAXR 和 Window Sever 2003 提供的 UDDI 注册中心[45]。针对 4 个节点企业提供 9 类服务：S-PI-order（新增订单服务）；S-PI-delivery（新增发货单服务）；S-PI-payment（新增付款单服务）；S-PI-invoice（新增发票服务）；S-NI-order（订单通知服务）；S-NI-sale（销售单通知服务）；S-NI-short shots（缺料单通知服务）；S-NI-payment（付款单通知服务）；S-QI-material（原材料库存查询服务）。

以 S-QI-material 实现为例，食品制造商采购服务代理使用养殖基地库存服务代理提供的初级产品库存查询服务之后，向养殖基地下采购订单之前，根据 SOAP 协议发送查询请求，养殖基地 SOAP 服务器在收到该 S-QI-material 请求后，解析这个请求，执行初级产品库存数据查询，将数据用 SOAP 协议发回食品制造商 SOAP 服务器，在 Web 浏览器上显示。

2.6　结束语

为实现食品供应链节点之间的信息共享，本书提出通过自治、适应的细粒度服务代理的合作来实现食品供应链信息系统，研究 4 种不同类型节点间的交互需求，确定了服务代理并建立相应的服务规约，采用 Web service 技术实现食品行业敏捷供应链原型系统。原型系统实现了跨平台互操作的信息共享与数据交换，能够联合和动态集成企业内和企业间应用，降低了企业内、外部信息共享的复杂度。该方案考虑到食品供应链上不同类型节点的复杂组合及实现接口的扩展要求，提供的服务代理及服务的识别模式对于其他行业供应链系统的实现具有通用的参考价值。由于关注点限制，仅关注节点间供需交易环节信息交互实现，食品行业敏捷供应链内部业务支持、数据标准、供应链决策协调机制，以及企业间信息传输的安全性、Web 服务访问控制等是需要进一步研究的课题。

第3章 基于全局质量约束消解的
跨企业协作 Web 服务组合方法

3.1 引言

　　服务计算平台能够为企业提供寻找优质合作伙伴的机会，具有将企业协作时需要的各商业应用服务组合成新的增值服务的能力。以发现商机为起点，所有企业将自身提供的业务以 Web 服务形式发布在服务平台上，同时从平台上寻找能够满足自身需求的 Web 服务，服务平台通过多种形式的协商过程实现服务资源之间的匹配和组合，满足快速多变的市场需求[46]。如何结合跨企业协作需求，从众多功能相同、服务质量不同的候选服务中，以一种有效方法在较短时间内求解满足用户约束的最优组合服务，成为近年来服务计算领域的重要课题。

　　QoS 感知的 Web 服务选择问题可以转换为带 QoS 约束的单目标或多目标优化问题[47]，采用整数规划、遗传算法、粒子群算法等寻优算法及其改进算法[48-54]进行求解，问题求解中引入 Skyline 查询、可信服务质量度量、权重赋值模式等方法[55-59]，极大程度地实现了服务选择的效率、质量、可信目标。现有多数服务选择方法建立的 QoS 模型仅考虑技术层面质量属性，未结合企业关注的企业信任关系、产品质量等重要业务领域属性，难以满足跨企业协作服务选择需求。针对该问题，文献[60]建立了一个以技术、物流、反馈为一层指标的物流领域 QoS 扩展模型，运用分层聚类算法和模糊综合评判法选择候选物流服务；文献[61]将信任度、距离成本和等待时间加入 QoS 模型，建立业务服务选择模糊机会约束目标规划模型，采用遗传算法进行求解；文献[62]构建了一个包含通用属性和领域属性的综合 QoS 评价模型，用于供应链环境下的服务组合。

　　跨企业协作最终形成不同合作层次、由不同类型企业构成的供应链，反映供应链业务的 Web 服务 QoS 模型是一个多层次模型。供应链上下游不同类型业务的属性重要度存在差异，导致反映不同类型业务的 Web 服务领域 QoS 属性重要度有显著差异。同时，对于通用技术属性及领域的质量、成本、企业评价等属性，已经存在多种起约束作用的正式或非正式的政府、行业标准；企业依据经营知识进行决策寻找理想伙伴组建供应链，理想的要求在实践中难以完全实现，这些领域需求在现有服务选择方法中较少得以体现。

本书提出了一种基于全局质量约束消解的服务组合方法（service composition method based on Global Quality Constraint Resolution，GQCR）支持跨企业协作的服务组合。在对问题形式化描述的基础上，通过局部约束过滤和 Skyline 计算从候选服务空间选出有限理想解，应用全局质量约束分步消解方法获取理想组合服务集，最后使用整数规划求解近似服务质量最优方案，通过模拟实验验证了方法的合理性和有效性。

3.2 问题描述

针对跨企业协作 Web 服务组合问题，定义了 3 层 QoS 属性体系及其对应的约束、权重，相关概念定义及描述如下。

（1）任务

$TK = \{tk_1, \cdots, tk_i, \cdots, tk_n\}$（$1 \leq i \leq n$）表示跨企业协作流程中 n 个任务的集合，TK 中的任务分属于多个企业。

（2）多层 QoS 属性

$CRA = \{cr_1, \cdots, cr_a, \cdots, cr_x\}$（$1 \leq a \leq x$）（$x \leq 9$）表示一层 QoS 属性集合，表示下级属性的维度，9 个维度可以满足跨企业协作需求，Web 服务 ws 的属性 cr_a 的值用 $ws.cr_a$ 表示。

$CRB = \{cr_{a1}, \cdots, cr_{ab}, \cdots, cr_{ay}\}$（$1 \leq b \leq y$）（$y \leq 9$）表示属性 cr_a 的下一层属性集合，每个维度下可以设置 9 个二层属性，Web 服务 ws 的属性 cr_{ab} 的取值用 $ws.cr_{ab}$ 表示。

$CRC = \{cr_{ab1}, \cdots, cr_{abc}, \cdots, cr_{abt}\}$（$1 \leq c \leq t$）表示 Web 服务属性 cr_{ab} 的下一层属性集合，t 表示 cr_{ab} 的下一层 QoS 属性的个数，Web 服务 ws 的属性 cr_{abc} 的值用 $ws.cr_{abc}$ 表示。

Web 服务的一层 QoS 属性都有下级属性，二层 QoS 属性是否设置下级属性需要根据业务需求确定。第三层 QoS 属性和无下级属性的二层 QoS 属性的属性值不依赖其他 QoS 属性值的聚合计算，把这些属性称为独立 QoS 属性，将无下级属性的二层 QoS 属性用 $\overline{cr_{ab}}$ 表示。由于第三层属性都是独立 QoS 属性，仍用 cr_{abc} 表示。本书中的全局约束和局部约束都是仅对独立

QoS 属性可能设置的约束。

（3）全局理想约束与全局标准（最低）约束

$CONSB_{global} = \{cons_{a1}, \cdots, cons_{ab}, \cdots, cons_{ay}\}$ 表示用户对组合服务的属性 cr_a 的下一层属性的理想约束集合，$cons_{ab}$ 表示对组合服务的二层属性 cr_{ab} 的理想约束。本书中，如果属性 cr_{ab} 为非独立 QoS 属性或者无约束的独立 QoS 属性时，约束项为空。

$CONSC_{global} = \{cons_{ab1}, \cdots, cons_{abc}, \cdots, cons_{abt}\}$ 表示用户对组合服务的属性 cr_{ab} 的下一层属性的理想约束集合，$cons_{abc}$ 表示对组合服务的三层属性 cr_{abc} 的理想约束。

$MCONSB_{global} = \{mcons_{a1}, \cdots, mcons_{ab}, \cdots, mcons_{ay}\}$ 表示用户对组合服务的属性 cr_a 的下一层属性的标准约束集合，其中，$mcons_{ab} < cons_{ab}$，表示对组合服务的二层属性 cr_{ab} 的标准约束在理想约束范围内。

$MCONSC_{global} = \{mcons_{ab1}, \cdots, mcons_{abc}, \cdots, mcons_{abt}\}$ 表示用户对组合服务的属性 cr_{ab} 的下一层属性的标准约束集合，其中，$mcons_{abc} < cons_{abc}$，表示对组合服务的属性 cr_{abc} 的标准约束在理想约束范围内。

（4）局部约束

$MCONSB_i = \{mcons_i^{a1}, \cdots, mcons_i^{ab}, \cdots, mcons_i^{ay}\}$ 表示用户对任务 tk_i 的所有功能匹配候选服务的属性 cr_a 的下一层属性的最低约束集合，$mcons_i^{ab}$ 表示对任务 tk_i 的所有功能匹配候选服务的二层属性 cr_{ab} 的局部约束。如果属性 cr_{ab} 为非独立 QoS 属性或者无约束的独立 QoS 属性时，约束项为空。

$MCONSC_i = \{mcons_i^{ab1}, \cdots, mcons_i^{abc}, \cdots, mcons_i^{abt}\}$ 表示用户对任务 tk_i 的所有功能匹配候选服务的属性 cr_{ab} 下一层属性的标准约束集合。

（5）全局权重

$WGTA_{global} = \{w_1, \cdots, w_a, \cdots, w_x\} \left(\sum\limits_{a=1}^{x} w_a = 1 \right)$ $(w_a \geqslant 0)$，表示组合服务的一层 QoS 属性的权重值集合，w_a 表示组合服务的属性 cr_a 的权重值。

$WGTB_{global} = \{w_{a.1}, \cdots, w_{a.b}, \cdots, w_{a.y}\} \left(\sum\limits_{b=1}^{y} w_{a.b} = 1 \right)$ $(w_{a.b} \geqslant 0)$ 表示组合服务的属性 cr_a 的下一层属性的权重值集合，$w_{a.b}$ 表示组合服务的属性 cr_{ab} 的权重值。

$WGTC_{global} = \{w_{ab.1}, \cdots, w_{ab.c}, \cdots, w_{ab.t}\} \left(\sum\limits_{c=1}^{t} w_{ab.c} = 1 \right)$ $(w_{ab.c} \geqslant 0)$ 表示组合服务的属性 cr_{ab} 的下一层属性的权重值集合，$w_{ab.c}$ 表示组合服务的

属性 cr_{abc} 的权重值。

（6）局部权重

$$WGTA_i = \{w_i^1, \cdots, w_i^a, \cdots, w_i^x\} \left(\sum_{a=1}^{x} w_i^a = 1 \right) (w_i^a \geqslant 0)$$ 表示任务 tk_i

的功能匹配候选服务的一层 QoS 属性的权重值集合，w_i^a 表示任务 tk_i 候选服务的属性 cr_a 的权重值。

$$WGTB_i = \{w_i^{a.1}, \cdots, w_i^{a.b}, \cdots, w_i^{a.y}\} \left(\sum_{b=1}^{y} w_i^{a.b} = 1 \right) (w_i^{a.b} \geqslant 0)$$ 表示

任务 tk_i 的功能匹配候选服务的属性 cr_a 下一层属性的权重值集合，$w_i^{a.b}$ 表示任务 tk_i 候选服务的属性 cr_{ab} 的权重值。

$$WGTC_i = \{w_i^{ab.1}, \cdots, w_i^{ab.c}, \cdots, w_i^{ab.t}\} \left(\sum_{c=1}^{t} w_i^{ab.c} = 1 \right) (w_i^{ab.c} \geqslant 0)$$ 表

示任务 tk_i 的功能匹配候选服务的属性 cr_{ab} 下一层属性的权重值集合，$w_i^{ab.c}$ 表示任务 tk_i 候选服务的属性 cr_{abc} 的权重值。

（7）功能匹配服务池

$WSpool_i = \{ws_i^1, \cdots, ws_i^k, \cdots, ws_i^l\}$ $(1 \leqslant k \leqslant l)$ 表示任务 tk_i 的功能匹配服务集合，l 表示满足任务 tk_i 功能要求的候选服务数量，假定各任务有相同数量的候选服务。

（8）组合服务

$CS = \{ws_i^{k_1}, \cdots, ws_i^{k_i}, \cdots, ws_i^{k_n}\}$ 表示一个满足业务功能需求的组合服务，$ws_i^{k_i}$ 表示任务 tk_i 的功能匹配服务池 $WSpool_i$ 中第 k_i 个候选服务。

3.3　基于全局质量约束消解的 Web 服务组合方法

跨企业协作中基于用户约束的服务组合问题的重点，是从所有可能的服务组合中选择一个 QoS 效用值最大或接近最大且满足局部和全局约束的组合服务。本书提出的考虑领域需求、时间复杂度较低的服务组合方法，即 GQCR 方法，分为如下 3 个步骤。

步骤 1 是有限数量的高质量 Web 服务选择，通过独立 QoS 属性值匹配局部质量约束，以及 Skyline 计算，在候选服务空间中最大限度地选择出聚合效用值最大的有限数量 Web 服务，目的是缩小候选服务空间。

步骤 2 是候选组合服务质量水平计算，统计确定可行服务组合方案在各独立 QoS 属性值上的主要取值范围、离散质量水平，目的是在选择组合

服务时逐步放宽质量约束。

步骤 3 是近似最优组合服务选择，独立 QoS 属性的属性值分步匹配动态的质量约束，使用整数规划进行求解，目的是可靠、快速获得满足全局约束的近似最优组合服务。

3.3.1 有限数量的高质量 Web 服务选择

3.3.1.1 候选服务过滤

为了提高服务组合效率，在任务 tk_i 的候选服务中选出聚合效用值最大的有限数量 Web 服务参与组合。在跨企业协作环境下，如果过滤掉某些质量属性值较弱的不均衡服务，保留各属性值达到和超过局部质量约束的优质服务，并通过 Skyline 计算得到 Skyline 服务，所获得的组合服务更容易满足端到端的理想质量约束。

Web 服务具有多个质量属性，各属性值的单位或范围不尽相同，为了从全局最优角度对候选服务和组合服务的属性值进行评价，首先提取服务的质量属性并与对应的最大值或最小值进行比较，从而对各属性值进行归一化处理，范围为 $[0，1]$，使每个属性值转化为一个实数值，文献 63 给出了将数值型、区间型、语言型和等级型 4 种数值类型统一到 $[0，1]$ 区间的转化公式；然后可以对标准数据简单加权计算候选服务或组合服务的聚合效用值。Web 服务的质量属性可以分为积极属性和消极属性两类，积极属性考虑属性值的最大化，消极属性考虑属性值的最小化。对于消极属性，本书采用负值计算（乘以 -1）将其转换为积极属性。为简化后续论述，假设候选服务的消极属性已转化为积极属性，相应地对消极属性的所有全局约束和局部约束也已经过负值计算，对所有属性及其约束都以积极属性及其约束对待。

取值不为空的 $mcons_i^{ab}$、$mcons_i^{abc}$ 分别表示施加在任务 tk_i 候选服务的独立 QoS 属性 $\overline{cr_{ab}}$、cr_{abc} 上的局部约束，分别表示为 $[mcons_i^{ab}，\infty]$、$[mcons_i^{abc}，\infty]$。这里的符号"∞"表示 QoS 属性 $\overline{cr_{ab}}$ 或 cr_{abc} 的最大可能取值。例如，对于成功率属性，其最大可能取值为 100%，此时 $\infty = 100\%$；对于财务状况属性，最大可能取值为优，此时 ∞ 为优。对于每个任务 tk_i，将其候选服务的质量属性 $\overline{cr_{ab}}$、cr_{abc} 局部质量约束集合 $MCONSB_i$、$MCONSC_i$ 中取值不为空的质量约束初始化为 $[mcons_i^{ab}，\infty]$、$[mcons_i^{abc}，\infty]$。如果任务 tk_i 功能匹配服务池 $WSpool_i$ 中服务 ws_i^k 的独立 QoS 属性 $\overline{cr_{ab}}$、cr_{abc} 的取值满足用户局部约

束，即满足 $ws_i^k.cr_{ab} \in [cons_i^{ab}, \infty]$ 和 $ws_i^k.cr_{abc} \in [cons_i^{abc}, \infty]$ 时，将 ws_i^k 放入服务池 $Zwspool_i = \{ws_i^1, \cdots, ws_i^{z_1}, \cdots, ws_i^z\}$（$1 \leq z \leq l$）（$1 \leq z_1 \leq z$）中。

Skyline 计算是指从一个给定的多维空间内，选择那些不被其他点支配的点。如对于点 $e(e_1, \cdots, e_j)$ 和 $f(f_1, \cdots, f_j)$，如果 $\forall i \in [1, j]$，$e_i \geq f_i$（表示好于或者等于）且 $\exists i \in [1, j]$，$e_i > f_i$（表示好于），则称 e 支配 f，表示为 $e < f$。将 Skyline 计算应用于两个候选服务 ws_1 和 ws_2 的比较，每个服务都有 j 个属性，如果 $\forall i \in [1, j]$，$ws_{1i} \geq ws_{2i}$ 且 $\exists i \in [1, j]$，$ws_{1i} > ws_{2i}$，则称 ws_1 支配 ws_2，即 $ws_1 < ws_2$。对服务池 $Zwspool_i$ 中服务进行 Skyline 计算，获得任务 tk_i 的 Skyline 服务，放入服务池 $SLwspool_i = \{ws_i^1, \cdots, ws_i^{x_1}, \cdots, ws_i^x\}$（$1 \leq x \leq z$）（$1 \leq x_1 \leq x$）中，服务池 $SLwspool_i$ 中的任意两个服务之间不存在支配关系。由于非 Skyline 服务不可能出现在最优组合服务中，通过剔除那些被其他服务支配的冗余候选服务，降低服务选择的搜索空间。

3.3.1.2　高质量Web服务选择

局部服务选择时，需要从 $WSpool_i$ 中选择出聚合效用值最大的 g 个服务放入高质量服务池 $HQwspool_i$ 中。经过局部约束过滤和 *Skyline* 计算，将问题转换为从 $SLwspool_i$ 中选出聚合效用值最大的 g 个服务放入高质量服务池 $HQwspool_i$ 中。如果 $1 \leq x \leq g$，表示服务池 $SLwspool_i$ 中只有 x 个满足要求的有效候选服务，不能选出 g 个服务，因此，直接将 $SLwspool_i$ 中候选服务放入高质量服务池 $HQwspool_i$ 中。

如果 $g \leq x$，表示服务池 $SLwspool_i$ 中的有效候选服务数量多于 g 个，需计算任务 tk_i 的有效候选服务 $ws_i^{x_1}$ 非独立 QoS 属性 cr_{ab} 和 cr_a 的聚合效用值，以及服务 $ws_i^{x_1}$ 的聚合效用值，选出聚合效用值最大的 g 个服务放入 $HQwspool_i$ 中。候选服务选择的聚合效用函数如下。

$$U(ws_i^{x_1}.cr_{ab}) = \sum_{c=1}^{t} w_i^{ab.c} \times \frac{ws_i^{x_1}.cr_{abc} - \min_i^{abc}}{\max_i^{abc} - \min_i^{abc}} \tag{3.1}$$

$$U(ws_i^{x_1}.cr_a) = \sum_{b=1}^{y} w_i^{a.b} \times \frac{ws_i^{x_1}.cr_{ab} - \min_i^{ab}}{\max_i^{ab} - \min_i^{ab}} \tag{3.2}$$

$$U(ws_i^{x_1}.cr_a) = \sum_{b=1}^{y} w_i^{a.b} \times U(ws_i^{x_1}.cr_{ab}) \tag{3.3}$$

$$U(ws_i^{x_1}.cr_a) = \sum_{b_1} w_i^{a.b_1} \times \frac{ws_i^{x_1}.cr_{ab_1} - \min_i^{ab_1}}{\max_i^{ab_1} - \min_i^{ab_1}} + \sum_{b_2} w_i^{a.b_2} \times U(ws_i^{x_1}.cr_{ab_2}) \tag{3.4}$$

$$\sum_{b_1} w_i^{a.\,b_1} + \sum_{b_2} w_i^{a.\,b_2} = 1 \qquad (3.5)$$

$$0 \leqslant w_i^{a.\,b_1}, w_i^{a.\,b_2} \leqslant 1 \qquad (3.6)$$

$$U(ws_i^{x_1}) = \sum_{a=1}^{x} w_i^a \times U(ws_i^{x_1}.cr_a) \qquad (3.7)$$

式（3.1）表示有下级属性的非独立 QoS 属性 cr_{ab} 的聚合函数；由于二层 QoS 属性 cr_{ab} 可能存在或者不存在下级属性，一层 QoS 属性 cr_a 的聚合效用值计算需要考虑其下级属性 cr_{ab} 为独立属性、非独立属性或者独立属性和非独立属性共存 3 种情况，cr_a 的聚合函数分别表示为式（3.2）、式（3.3）和式（3.4）；$\min_i^{abc}$、$\min_i^{ab}$、$\min_i^{ab_1}$ 分别表示 tk_i 候选服务 $ws_i^{x_1}$ 的独立 QoS 属性 cr_{abc}、cr_{ab}、cr_{ab_1} 的最小取值，$\max_i^{abc}$、$\max_i^{ab}$、$\max_i^{ab_1}$ 为最大取值，cr_{ab_2} 为非独立 QoS 属性，$w_i^{a.\,b_1}$、$w_i^{a.\,b_2}$ 代表 cr_{ab_1}、cr_{ab_2} 的权重值；式（3.7）表示服务 $ws_i^{x_1}$ 的聚合函数。

3.3.2 候选组合服务 QoS 质量水平计算

跨企业协作领域 Web 服务的质量属性有通用属性和领域属性，领域属性分属于不同维度。组合服务各属性值可以通过参与组合的单个服务的属性值和相应的组合类型（如顺序、概率、循环等）聚合获得，不同的服务组合类型均可通过文献 64 中的技术将其转化为顺序类型，本书仅讨论顺序组合类型。组合服务 QoS 属性值的顺序聚合计算中，采用求和方式的属性有反映时间、交付（货物）周期、产品价格，以及药物残留、不合格原料等，其中反应时间的聚合函数为 $CS.price = \sum_{i=1}^{n} price_i$；采用求积方式的属性有可靠性、可用性等，其中，可靠性的聚合函数为 $CS.reliability = \prod_{i=1}^{n} reliability_i$；采用求最小值的属性有企业知名度、财务状况、供应量和自然环境污染、设施不合格等，其中，财务状况的聚合函数为 $CS.finance = \min_{i=1}^{n} finance_i$。

以 $HQwspool_i$ 中的候选服务（最少 1 个，最多 g 个）作为任务 tk_i 的新候选服务空间，每次从 $HQwspool_i$ 中选择一个 Web 服务参与组合，产生 d 种组合服务，形成候选组合服务池 $CSpool = \{CS_1, \cdots, CS_h, \cdots, CS_d\}(1 \leqslant h \leqslant d)$。依据 QoS 属性对应的属性值聚合计算方式，如求和、求积等，计算组合服务 CS_h 的独立 QoS 属性 $\overline{cr_{ab}}$、cr_{abc} 的聚合属性值，聚合函数分别表示为式（3.8）和式（3.9）；式（3.10）确保每次任务 tk_i 有且仅有一个候选服务被选中参与组合。

$$CS^h.cr_{ab} = Comp_{i=1}^n \left(\sum_{p=1}^g ws_i^{k_i^p}.cr_{ab} \times r_i^{k_i^p} \right) \qquad (3.8)$$

$$CS^h.cr_{abc} = Comp_{i=1}^n \left(\sum_{p=1}^g ws_i^{k_i^p}.cr_{abc} \times r_i^{k_i^p} \right) \qquad (3.9)$$

$$\sum_{p=1}^g r_i^{k_i^p} = 1, \quad r_i^{k_i^p} \in \{0,1\} \qquad (3.10)$$

使用统计方法确定候选组合服务池 $CSpool$ 的 d 种组合服务的第二层独立 QoS 属性 $\overline{cr_{ab}}$ 的期望 Exp_{ab}、方差 Var_{ab} 和主要取值范围 $[\min_{ab}, \max_{ab}]$，以及第三层 QoS 属性 cr_{abc} 的期望 Exp_{abc}、方差 Var_{abc} 和主要取值范围 $[\min_{abc}, \max_{abc}]$。一般来说，组合服务在独立 QoS 属性 $\overline{cr_{ab}}$、cr_{abc} 上的取值服从正态分布，则 $[\min_{ab}, \max_{ab}]$、$[\min_{abc}, \max_{abc}]$ 能够经过计算分别取值为 $[Exp_{ab} - 3 \times Var_{ab}, Exp_{ab} + 3 \times Var_{ab}]$、$[Exp_{abc} - 3 \times Var_{abc}, Exp_{abc} + 3 \times Var_{abc}]$。

将 d 种组合服务的独立 QoS 属性 $\overline{cr_{ab}}$ 的主要取值范围 $[\min_{ab}, \max_{ab}]$ 进行平均离散化，得到 O_{ab} 个离散的质量水平 $\{q_{ab1}, \cdots, q_{ab\beta}, \cdots, q_{abO_{ab}}\}$ $(1 \leq \beta \leq O_{ab})$，$q_{ab\beta} = \max_{ab} - (\beta - 1) \times \dfrac{\max_{ab} - \min_{ab}}{O_{ab} - 1}$。所获得的质量水平形成了一个由大到小的顺序，其中属性 $\overline{cr_{ab}}$ 的任意两个相邻质量水平之差，即质量水平步长，记为 $\text{stepsize}_{ab} = q_{ab\beta-1} - q_{ab\beta}$。

同理，将 d 种组合服务的第三层 QoS 属性 cr_{abc} 主要取值范围 $[\min_{abc}, \max_{abc}]$ 进行平均离散化，得到 O_{abc} 个离散的质量水平 $\{q_{abc1}, \cdots, q_{abc\gamma}, \cdots, q_{abcO_{abc}}\}$ $(1 \leq \gamma \leq O_{abc})$，$q_{abc\gamma} = \max_{abc} - (\gamma - 1) \times \dfrac{\max_{abc} - \min_{abc}}{O_{abc} - 1}$。$d$ 种组合服务的属性 cr_{abc} 质量水平步长，记为 $stepsize_{abc} = q_{abc\gamma-1} - q_{abc\gamma}$。

3.3.3 近似最优组合服务选择

3.3.3.1 近似最优组合服务选择过程

将候选组合服务池 $CSpool$ 组合服务的独立 QoS 属性 $\overline{cr_{ab}}$、cr_{abc} 的全局理想约束集合 $CONSB_{global}$、$CONSC_{global}$ 中取值不为空的质量约束初始化为 $[cons_{ab}, \infty]$、$[cons_{abc}, \infty]$。以组合服务的聚合效用值作为需要最大化的目标函数，以候选组合服务池 $CSpool$ 作为组合服务选择空间，用户对组合服务独立 QoS 属性的全局质量约束作为约束条件，将组合服务选择问题转化为式（3.11）至式（3.18）所示的整数规划问题。

$$\max \sum_{a=1}^{x} w_a \times U(CS^h.cr_a) \tag{3.11}$$

$$\text{s. t. } U(CS^h.cr_a) = \sum_{b=1}^{y} w_{a.b} \times \frac{CS^h.cr_{ab} - \min_{ab}}{\max_{ab} - \min_{ab}} \tag{3.12}$$

$$U(CS^h.cr_a) = \sum_{b=1}^{y} w_{a.b} \times U(CS^h.cr_{ab}) \tag{3.13}$$

$$U(CS^h.cr_a) = \sum_{b_1} w_{a.b_1} \times \frac{CS^h.cr_{ab_1} - \min_{ab_1}}{\max_{ab_1} - \min_{ab_1}} + \sum_{b_2} w_{a.b_2} \times U(CS^h.cr_{ab_2})$$

$$\tag{3.14}$$

$$\sum_{b_1} w_{a.b_1} + \sum_{b_2} w_{a.b_2} = 1 \tag{3.15}$$

$$0 \leqslant w_{a.b_1}, w_{a.b_2} \leqslant 1 \tag{3.16}$$

$$U(CS^h.cr_{ab}) = \sum_{c=1}^{t} w_{ab.c} \times \frac{CS^h.cr_{abc} - \min_{abc}}{\max_{abc} - \min_{abc}} \tag{3.17}$$

$$CS^h.cr_{ab}, CS^h.cr_{ab_1} \in [cons_{ab}, \infty] \tag{3.18}$$

$$CS^h.cr_{abc} \in [cons_{abc}, \infty] \tag{3.19}$$

式（3.11）为需要最大化的目标函数；由于候选组合服务的二层 QoS 属性 cr_{ab} 可能存在或者不存在下级属性，式（3.12）、式（3.13）和式（3.14）分别给出了一层 QoS 属性 cr_a 下级属性 cr_{ab} 为独立属性、非独立属性或者独立属性和非独立属性共存时的聚合函数，$\min_{ab}$、$\min_{ab_1}$ 分别表示所有候选组合服务在独立 QoS 属性 cr_{ab}、cr_{ab_1} 上的最小取值，$\max_{ab}$、$\max_{ab_1}$ 则为最大取值，cr_{ab_2} 为非独立 QoS 属性，$w_{a.b_1}$、$w_{a.b_2}$ 代表属性 cr_{ab_1}、cr_{ab_2} 的权重值；式（3.15）和式（3.16）确保每个 QoS 属性的权重值在 0~1，且所有权重值之和为 1；式（3.17）为非独立 QoS 属性 cr_{ab} 的聚合函数，$\min_{abc}$、$\max_{abc}$ 分别表示所有候选组合服务在 QoS 属性 cr_{abc} 上的最小取值和最大取值；式（3.18）和式（3.19）确保组合服务独立 QoS 属性 $\overline{cr_{ab}}$、cr_{abc} 的聚合属性值满足用户的全局理想约束。求解该整数规划问题，得到一个聚合效用值最大的组合服务方案 $CS_{optimal}$，支持跨企业协作的业务执行。

3.3.3.2　全局理想约束消解方法

为了在候选组合服务空间中找到接近全局理想约束的组合服务，本书提出了独立 QoS 属性的全局理想约束（$cons_{ab}$、$cons_{abc}$）和全局标准约束（$mcons_{ab}$、$mcons_{abc}$）用于反映用户的约束层次。候选组合服务池 $CSpool$ 中组合服务不满足式（3.17）和式（3.18）约束条件时，导致无法获得用户期望的组合服务。因此，通过步骤 2 中平均离散化得到独立 QoS 属性主要取值范围上的多个离散质量水平，使得在独立 QoS 属性的全局理想约束和全局标准约束两个约束层次又被由大到小的多个质量水平分隔成更多层次。如果没有满足用户全局理想约束的组合服务时，通过理想约束到标准约束的逐层降低进行求解，最大限度地筛选出各独立 QoS 聚合属性值均衡、聚合效用值近似最优的组合服务。

（1）独立 QoS 属性的全局理想约束的消解条件和行动

候选组合服务的独立 QoS 属性$\overline{cr_{ab}}$的全局理想约束消解条件如下。

$$① \begin{cases} cons_{ab},\ mcons_{ab} \neq null, \\ q_{ab1} < cons_{ab}, \\ mcons_{ab} \leq q_{ab1}. \end{cases} ② \begin{cases} cons_{ab},\ mcons_{ab} \neq null, \\ q_{ab\beta} < cons_{ab} \leq q_{ab\beta-1}\ (2 \leq \beta \leq O_{ab}), \\ mcons_{ab} \leq q_{ab\beta}. \end{cases}$$

条件①满足时，将 QoS 属性$\overline{cr_{ab}}$的全局理想约束值 $cons_{ab}$ 放宽为 q_{ab1}，$cons_{ab} = q_{ab1}$；条件②满足时，将全局理想约束 $cons_{ab}$ 放宽一个质量水平步长，$cons_{ab} = q_{ab\beta}$，任一情况下都得到一个新的全局质量约束集合$\overline{CONSB_{global}}$。

候选组合服务的独立 QoS 属性$\overline{cr_{abc}}$的全局理想约束消解条件如下。

$$① \begin{cases} cons_{abc},\ mcons_{abc} \neq null, \\ q_{abc1} < cons_{abc}, \\ mcons_{abc} \leq q_{abc1}. \end{cases} ② \begin{cases} cons_{abc},\ mcons_{abc} \neq null, \\ q_{abc\gamma} < cons_{abc} \leq q_{abc\gamma-1}\ (2 \leq \gamma \leq O_{abc}), \\ mcons_{abc} \leq q_{abc\gamma}. \end{cases}$$

条件①满足时，将独立属性 $\overline{cr_{abc}}$ 的全局理想约束值 $cons_{abc}$ 放宽到 q_{abc1}，$cons_{abc} = q_{abc1}$；条件②满足时，将全局理想约束值 $cons_{abc}$ 放宽一个质量水平步长，$cons_{abc} = q_{abc\gamma}$，任一情况下都得到一个新的全局质量约束集合$\overline{CONSC_{global}}$。

（2）当式（3.17）和式（3.18）不成立时，局部理想约束的消解

满足候选组合服务的任一独立 QoS 属性$\overline{cr_{ab}}$、$\overline{cr_{abc}}$的消解条件时，执行对应消解行动，得到新的全局约束集合$\overline{CONSB_{global}}$、$\overline{CONSC_{global}}$，令 $CONSB_{global} = \overline{CONSB_{global}}$、$CONSC_{global} = \overline{CONSC_{global}}$，在更新后的 QoS 属性理想约束条件下选择近似最优组合服务。

如果任一独立 QoS 属性$\overline{cr_{ab}}$、$\overline{cr_{abc}}$的消解条件都不满足时，无法选择到满足用户全局质量约束的组合服务，服务组合结束。

3.3.4　算法过程

输入：跨企业协作流程，候选服务集，约束集，权重集，独立 QoS 属性值，质量水平个数，每个任务选择的服务个数。

输出：近似最优组合服务 $CS_{optimal}$。

步骤：

①初始化 $Zwspool_i \leftarrow \varnothing$，$SLwspool_i \leftarrow \varnothing$，$HQwspool_i \leftarrow \varnothing$，$CSpool \leftarrow \varnothing$，$x = 0$，$CS_{optimal} = null$，初始化局部质量约束 $mcons_i^{ab}$、$mcons_i^{abc}$ 和全局质量约束 $cons_{ab}$、$cons_{abc}$、$mcons_{ab}$、$mcons_{abc}$ 为区间形式；

②对 $WSpool_i$ 中候选服务进行局部约束过滤，满足局部约束的服务放入 $Zwspool_i$；

③对 $Zwspool_i$ 中候选服务进行 Skyline 计算，得到有效候选服务空间 $SLwspool_i$；

④如果 $1 \leqslant x \leqslant g$，将 $SLwspool_i$ 中候选服务放入高质量服务池 $HQwspool_i$，转到⑥；

⑤若 $g \leqslant x$，计算 $SLwspool_i$ 中有效候选服务的聚合效用值，选择 g 个效用值最大的服务放入 $HQwspool_i$；

⑥服务组合，产生候选组合服务集 $CSpool$；

⑦计算候选组合服务独立 QoS 属性的质量水平 $q_{\beta ab}$、$q_{ab\gamma}$；

⑧若存在满足当前全局理想约束的候选组合服务，求解 $CS_{optimal}$，转到⑩；

⑨若不存在满足当前全局理想约束的候选组合服务，满足全局理想约束消解条件，执行消解行动，转到⑧；

⑩输出 $CS_{optimal}$。

3.4 实验

3.4.1 案例设计

本书选择由畜牧投入品生产、养殖、食品加工、食品流通、餐饮经营这 5 种节点组成的食品供应链作为实验案例，该供应链模式对应的 5 种节点的运作流程如下：①餐饮企业依据经营计划，寻找符合要求的食品经销商，建立合作关系；②食品经销商根据经销品种需求，寻找合适的食品生产商；③食品生产商寻找符合要求的养殖企业，保证稳定的初级产品供应；④养殖企业需要寻找养殖投入品（饲料、兽药等）的可靠生产企业；⑤畜牧投入品生产企业使用采购的原材料生产畜牧投入品，需要向下游客户提供畜牧投入品。依据流程中活动顺序，5 种节点企业需要经过 4 次合作伙伴的选择才能建立起合作关系，为顾客提供餐饮产品，投入品生产、养殖、食品加工、食品流通、餐饮经营 5 种任务各自对应的候选服务也以这种顺序模式进行服务组合。仿真实验中数据设置如下。

（1）三层 QoS 属性体系（图 3.1）及各 QoS 属性的取值范围

反应时间、可靠性、可用性、执行成功率的取值范围（0，1）；供应量的取值范围 [700，1000]；交付周期的取值范围 [5，10]；价格的取值范围 [60，100]；知名度、信誉度的取值范围 ｛低、一般、高、很高｝；财务状况的取值范围 ｛合格、中等、良、优｝；药物残留、违禁添加物、不合格原料、营养不达标、食物变质的取值范围 [0，0.001]；自然环境污染、环境不卫生、设施不合格的取值范围 ｛较严重、一般、轻微、无｝。QoS 属性值在对应范围内随机生成。

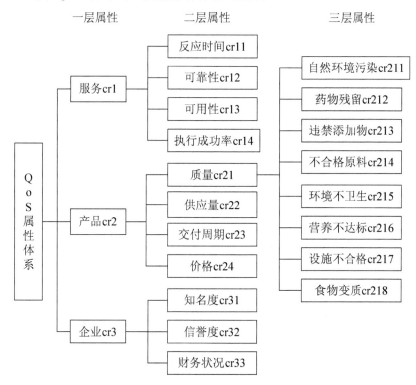

图 3.1　三层 QoS 属性体系

（2）各任务候选服务独立 QoS 属性的局部质量约束及权重值

对积极属性如可靠性、供应量等，要求候选服务的属性值需大于等于设置的理想或最低约束值；对消极属性如反应时间、不合格原料等，要求候选服务的属性值需小于等于所设置的理想或最低约束值，实验对这些约束进行负值计算转化为与积极属性相同的方法。

①质量属性 cr21 下级属性的约束值及权重值，如表 3.1 所示。

表3.1　质量属性的下级属性的约束值及权重值

属性	局部约束值及权重值	节点				
		投入品生产	养殖	食品加工	食品流通	餐饮经营
cr211	约束值		一般			
	权重值		0.2			
cr212	约束值		0.0004	0.0037		
	权重值		0.2	0.15		
cr213	约束值	0.0003	0.0003	0.0003	0.0004	0.0003
	权重值	0.2	0.3	0.2	0.2	0.1
cr214	约束值	0.0004	0.0004	0.0004		0.0003
	权重值	0.2	0.2	0.15		0.25
cr215	约束值	一般	一般	一般	一般	一般
	权重值	0.1	0.1	0.15	0.25	0.25
cr216	约束值	0.0003		0.0003		
	权重值	0.15		0.2		
cr217	约束值	一般		一般	一般	一般
	权重值	0.1		0.15	0.2	0.15
cr218	约束值	0.0003			0.0004	0.0004
	权重值	0.25			0.35	0.25

②产品维属性 cr2 下级属性的约束值及权重值，如表3.2所示。

表3.2　产品属性的下级属性的约束值及权重值

属性	局部约束及权重	节点				
		投入品生产	养殖	食品加工	食品流通	餐饮经营
cr21	约束值					
	权重值	0.3	0.4	0.45	0.4	0.45
cr22	约束值	850	850	830	820	810
	权重值	0.2	0.2	0.2	0.25	0.2
cr23	约束值	8	7	7	8	7
	权重值	0.25	0.4	0.2	0.2	0.15
cr24	约束值	80	85	80	82	85
	权重值	0.25	0.2	0.15	0.15	0.2

③服务维属性 cr1、企业维属性 cr3 下级属性的约束值及权重值，对

投入品生产、养殖、食品加工、食品流通、餐饮经营 5 种任务的候选服务都采用该设置，如表 3.3 所示。

表3.3 服务、企业属性的下级属性的约束值及权重值

属性	局部约束	权重值	属性	局部约束	权重值
cr11	0.5	0.25	cr31	一般	0.333
cr12	0.6	0.25	cr32	一般	0.333
cr13	0.5	0.25	cr33	中等	0.333
cr14	0.55	0.25			

④服务、产品、企业 3 个非独立属性的权重值同为 0.333，对投入品生产、养殖、食品加工、食品流通、餐饮经营 5 种任务的候选服务都采用该设置。

（3）组合服务三层 QoS 属性的全局约束值及权重值（表 3.4）

表3.4 组合服务第二层、第三层 QoS 属性的全局约束值及权重值

属性	理想约束	标准约束	权重值
cr211	轻微	一般	0.05
cr212	0.0004	0.0008	0.1
cr213	0.0011	0.002	0.15
cr214	0.0008	0.0014	0.1
cr215	轻微	一般	0.2
cr216	0.0004	0.0008	0.15
cr217	轻微	一般	0.15
cr218	0.0007	0.0012	0.1
cr21			0.4
cr22	900	830	0.25
cr23	32	40	0.2
cr24	340	410	0.15
cr11	1.5	2.5	0.25
cr12/cr13/cr14	0.055	0.035	0.25
cr31/cr32	高	一般	0.333
cr33	良	中等	0.333

组合服务 3 个一层属性（服务、产品、企业）的权重值同为 0.333。

（4）案例的实验运行环境

CPU 为 Intel（R） Core（TM）i5-3230M，RAM 为 4.00GB，OS 为 Windows 8，编程语言为 C++，线性规划工具为 LP-Solve 5.5。

3.4.2　实验分析

（1）选择出的 Web 服务的质量均衡度验证

选择具备约束消解功能且求解质量高的 LO-IP 方法[65]和本书的 GQCR 方法同时求解，LO-IP 方法中各属性取值离散质量水平个数、GQCR 方法中独立属性取值范围离散质量水平个数（即 O_{ab}、O_{abc}）的取值都为 10，任务节点的数量为 5，从每个任务节点选取服务数量分别依次取值 5、9，不同取值下两种方法选出的高质量服务满足局部约束的情况如图 3.2 所示。横坐标表示任务节点候选服务个数；纵坐标表示两种方法在任务节点候选服务数量和高质量服务选择数量相同条件下，选出的原子服务中满足局部约束的各环节平均服务个数。

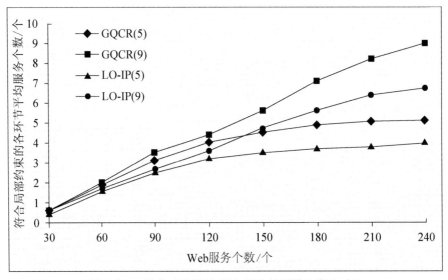

图 3.2　两种方法选择的 Web 服务的质量均衡度对比

图 3.2 中，各环节任务候选服务数量较少（如为 30）时，5 个环节任务中只有部分环节任务的服务满足对应的局部质量约束，GQCR 方法无法实现服务组合，LO-IP 方法求解到的最优服务组合的原子服务中，也只有部分服务满足对应环节局部质量约束。随着候选服务数量增加，两种方法筛选出的高质量服务中满足局部质量约束的各环节平均服务个数都呈上升趋势，由于 LO-IP 方法缺少局部约束，在相同高质量服务选择数量（5 或

9个)、任务节点候选服务数量条件下，GQCR 方法选出的满足局部质量约束的各环节平均服务个数均高于 LO-IP 方法。当各任务的候选 Web 服务数量分别达到 150、240 时，GQCR 方法可以为每个任务选出 5 个、9 个符合局部质量约束的服务，选择出服务的质量均衡度更高。

（2）最优组合服务质量验证

采用最优服务组合问题求解中有良好表现的 Global 方法[66]、LO-IP 方法与本书的 GQCR 方法共同对案例问题进行求解。其中，LO-IP 方法和 GQCR 方法中各独立质量属性取值范围的离散质量水平的个数同为 10，从每个任务节点选取 9 个高质量服务。

图 3.3 中，各环节任务候选服务数量较少（如为 30）时，GQCR 方法无法从各任务节点中都筛选出符合对应环节局部质量约束的高质量服务，不能完成服务组合；Global 方法、LO-IP 方法在全局质量约束下求解获得了对应最优组合服务及其效用值。任务节点候选服务数量达到 200 个后，GQCR 方法求解到的最优组合服务的聚合效用值接近于 LO-IP 方法和基于全局规划的 Global 方法求解到的最优组合服务的聚合效用值。可以看出，当各任务的候选服务数量较多时，GQCR 方法在满足各任务的局部质量约束的前提下仍然能够求解出近似质量最优的组合服务。

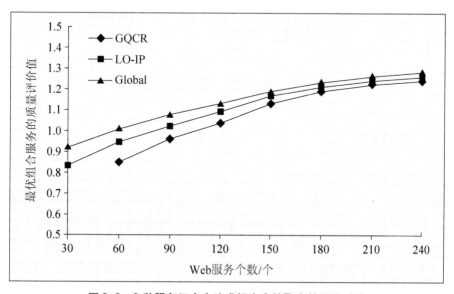

图 3.3　3 种服务组合方法求解方案的聚合效用值对比

（3）服务组合时间性能测试

LO-IP 方法和 GQCR 方法中各独立属性取值的离散质量水平个数同为

20，每个任务节点选取 9 个高质量服务，在各任务节点候选服务数量相同的条件下，3 种服务组合方法的服务组合时间开销情况如图 3.4 所示。3 种方法服务组合时间随着任务节点候选服务数量的增加而增加，由于 LO-IP 方法、GQCR 方法通过数量限制降低了服务组合的候选服务空间，时间开销远低于将所有服务纳入候选服务空间的 Global 方法；通过设置理想约束和最低约束，GQCR 方法选出的原子服务的质量更均衡，组合后的组合服务质量属性能更好满足全局质量约束，减少了全局理想约束分步消解的时间，其时间开销小于 LO-IP 方法。

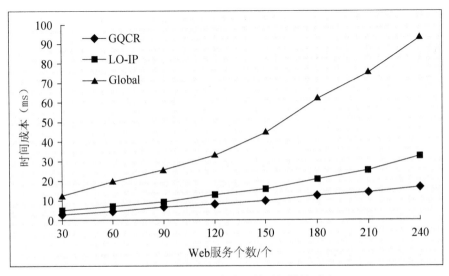

图 3.4　3 种服务组合方法的时间性能对比

3.5　结束语

　　跨企业协作复杂业务约束下 Web 服务组合的质量和效率问题是目前服务计算研究的一个重点问题，为此提出一个多层 QoS 属性及其约束体系的形式化模型，并构建全局动态服务组合优化模型进行求解近似最优组合服务。采用局部约束和 Skyline 方法过滤掉某些质量属性值较弱的不均衡服务，最大限度地选出可靠的高质量服务，缩小了候选服务空间；基于新的候选服务空间计算组合服务 QoS 属性值的多个质量水平，这些质量水平将全局质量约束细分成多个层次；在理想全局约束层次上，使用动态服务组合优化模型求解得到聚合属性值均衡、整体质量近似最优组合服务。基于食品供应链模拟数据集完成被选 Web 服务质量均衡度、最优组合服务质量和服务组合时间性能 3 类实验。实验结果表明，GQCR 方法有效解决了跨企业协作复杂业务约束下的 Web 服务组合问题，在质量和效率之间获取了平衡。

第4章 基于 RFID 和 EPC 网络的
牛肉产品供应链质量信息共享研究

4.1 引言

现实中存在的食品安全问题及消费者对品质生活的追求推动着食品安全、食品质量问题的解决，法律、制度、教育、信息技术等都是问题解决方案的组成部分。信息技术主要用于解决食品供应链中的信息不对称问题，这方面的解决方案是信息共享系统及基于信息共享的产品质量追踪与追溯系统，这些议题受到研究者的广泛重视。近年来，一些新技术应用于食品质量信息共享系统的构建，物联网技术是其中一种重要技术。基于 RFID、GIS、EPC 网络等技术的肉品跟踪与追溯系统[67,68]、农产品供应链信息共享系统[69]、水产品供应链可追溯平台[70]、蔬菜全程可追溯系统[71,72] 等大量信息共享系统被研究、开发和应用，实践验证了这些技术的商业价值。其中，EPC 物联网结合了 EPC 和物联网技术，可以将供应链中任何一个环节的信息实现自动、快速、并行、实时、非接触式处理，并通过网络实现信息共享，达到对供应链实现高效管理的效果，其在农产品和食品安全领域的应用得到了研究者和企业的广泛重视[73]。

本书以牛肉产品供应链为研究对象，对牛肉产品供应链质量信息共享需求进行分析，提出一个基于 RFID 和 EPC 网络的牛肉产品供应链质量信息共享方案，并对牛肉产品供应链质量信息的采集、处理、查询进行详细的设计和建模，这对于提高我国牛肉产品的质量和安全水平，提高消费者对牛肉产品的消费信心都具有重要的社会意义。

4.2 牛肉产品供应链质量信息共享平台结构

4.2.1 EPC 网络系统结构

物联网是指通过各种信息传感设备，实时采集各种需要的物理信息，再利用互联网传送这些信息而组成的网络。其目的是实现物与物在网络中的连接，方便人们进行识别和控制，提高工作效率。物联网类型多种多样，其中，以电子产品代码（Electronic Product Code，EPC）系统和互联网整合的物联网被称为"EPC网络"。EPC网络由EPCglobal建设，EPC-global是一个由国际物品编码协会和美国统一代码委员会合资的公司，它是受业界委托而成立的一个非盈利组织，致力于EPC网络标准的推广与应用，便于快速准确地定位物流供应链中产品[74]。EPC网络中的物品能够彼此进行"交流"，无须人的干预，其实质是利用RFID技术，通过物联网实现物品的自动识别和信息的互联与共享。EPC网络系统由EPC编码体系、射频识别系统和网络信息系统3个部分组成，基于EPCglobal规范的EPC网络系统结构，如图4.1所示。

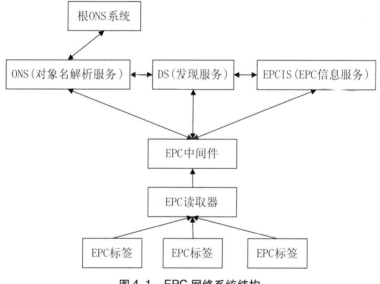

图4.1　EPC网络系统结构

（1）EPC编码、EPC标签与读取器

EPC编码是一种新的编码标准，与EAN编码和UCC编码兼容，EPC编码不会取代现在广泛使用的条码标准。与IP地址在互联网中用来标识和通信相似，EPC编码提供了对物品的唯一性标识。通过使用计算机网络，EPC编码可用来标识和访问单个物体。EPC标签是一种内含EPC编码的电子标签，它采用RFID技术，对每个实体对象，包括集装箱、零售商品等提供唯一性标识。EPC标签生产的核心环节是天线的设计印刷和半导体芯片的制作。

读取器用于读取RFID标签中信息，分为天线、收发器、解码器3个部分。电感式耦合是其中一种常用方法，可以近距离读取被动标签中的信息。它不需要接触标签，即可读取标签中的电子数据，并且自动进行标签识别。这些读取标签信息的设备有手持式或固定式等类型。

（2）EPC 中间件

EPC 中间件用于传送和管理标签或传感器数据流。例如，Auto-ID Center 研发的 Savant 软件，它通过应用程序的调用为其他软件提供一系列的功能，具有一个分布式的结构，层次方式管理和组织数据流[75]。EPC 事件数据采集时，EPC 中间件接收来自企业应用的数据并以事件形式传输给 EPC 信息服务进行数据保存。用户需要查询供应链上其他节点 EPC 数据时，EPC 中间件与对象名解析服务、发现服务及 EPC 信息服务进行交互，通过多层网络寻址，最终从 EPC 信息服务获取所需的 EPC 事件数据。

（3）EPC 信息服务（EPC Information Service，EPCIS）

EPCIS 为访问和存储 EPC 相关数据提供了一个标准的接口，已授权的贸易伙伴可以通过它来读写 EPC 相关数据。EPCglobal 制定的 EPCIS 标准详细描述物品位置和状态信息，规定了数据在合作双方间的与数据载体无关的共享格式。EPCIS 标准定义了 EPCIS 事件捕获接口和 EPCIS 信息查询接口两个标准接口，EPCIS 事件由 EPCIS 捕获接口获得并交付给上层的系统，而上层系统则通过查询接口向 EPC 查询应用返回信息。企业内部通过信息查询接口访问 EPC 相关信息，而贸易伙伴间信息共享有两种方式：事先约定的路径和通过 EPC 网络的发现服务。

（4）对象名解析服务（Object Naming Service，ONS）

ONS 通常用来定位与物品 EPC 编码对应的服务器，将 EPC 编码转换为一个或多个 URL 地址，通过 URL 地址，可在 EPCIS 服务器上查找关于物品的信息[76]。由于 ONS 对 EPC 号码的解析是透过管理者号码及对象类别码来实现的，基于此限制，只能找到此类别产品的源头制造商地址，难以在复杂供应链关系中有效查询 EPCIS 事件数据。因此，设计了发现服务（DS）与 ONS 结合实现 EPC 网络中高效信息查询。

（5）发现服务（Discovery Service，DS）

DS 提供了查找对象到其资源列表的映射关系，实现了对物品单品级别的信息发现。DS 的服务对象是属于某个类别下的动态实例，它不仅继承了类级别的静态信息还包含了自己的一些动态属性，信息发现的完整结果是类级别的静态信息和单品级别的动态属性。技术上，DS 处于 ONS 和

EPCIS之间，ONS系统基于EPC的管理者和对象类别码及其DS服务地址与DS系统连接，EPCIS系统将EPC编码和EPCIS服务地址注册于DS系统，实现了精确的单品级别的信息发现。

4.2.2　牛肉产品供应链质量信息共享平台总体结构

牛肉产品供应链质量信息共享平台基于EPCglobal提出的技术规范，采用分布式数据存储和集中式数据查询相结合的模式，由各节点企业系统和公共管理平台组成[77]。供应链上每个节点企业如养殖场、加工厂、配送企业、销售企业，都有各自的EPCIS服务器，存储EPCIS事件数据；Local DS服务器存储EPC编码及其EPCIS服务地址信息；Local ONS服务器存储EPC的机构和物品类别编码及其Local DS服务地址信息，同时企业还需要将维护的EPC的机构和物品类别编码及其本地Local ONS服务地址信息注册到公共管理平台的根ONS服务器，信息共享平台的总体结构如图4.2所示。

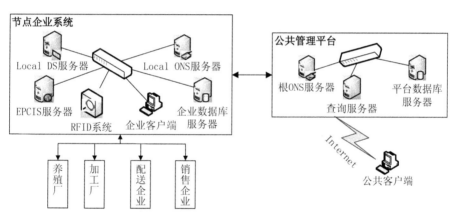

图4.2　牛肉产品供应链质量信息共享平台总体结构

在养殖场，为每头牛佩戴具有EPC编码的耳标，采用批次和个体单元相结合的策略，记录每头牛的入栏、饲料饲养、疾病免疫、疾病治疗、出栏等事件数据，从养殖入栏开始，将养殖场EPC数据关联到公共管理平台数据库对牛个体进行标识。牛进入加工后，RFID阅读器读取牛耳标以牛个体为单位记录入厂检测数据，屠宰期间将RFID标签嵌入牛二分体，牛肉分割包装后分装在不同的包装盒中，并打印EPC编码的条码标签贴在包装盒上。随后，将多个包装盒装入包装箱，将RFID标签附着于包装箱；加工厂仓库RFID阅读器读取包装箱的RFID标签，记录产品入库、出库数据。

配送阶段，配送企业 RFID 读取设备读取牛肉产品包装箱上的 RFID 标签信息，在企业数据库记录产品的入库、出库数据。牛肉产品包装箱在销售企业入库时，RFID 读取设备扫描牛肉产品包装箱上的 RFID 标签，记录产品入库信息。包装箱拆箱后将包装盒取出，包装盒上仍附着 EPC 编码的条码标签，产品销售时在业务系统和 EPCIS 记录带有 EPC 条码标签的销售信息。消费者在公共管理平台网页界面或者超市、专卖店设有的信息共享终端界面输入产品 EPC 码，通过平台根 ONS 服务器找到企业 Local ONS 服务器，通过 Local ONS 服务器找到企业 Local DS 服务器，再通过企业的 Local DS 服务器访问 EPCIS 服务器便可获取产品信息了。

4.2.3 牛肉产品供应链质量信息共享模式

根据牛肉产品供应链实际情况，引入 EPC 网络技术，提出了基于 RFID 和 EPC 网络的牛肉产品供应链质量信息共享模式，如图 4.3 所示。通过 RFID 标签、读写器、传感器等设备，利用无线通信和互联网技术，按协议规范构建信息共享网络[78]。采用统一的 EPC 编码管理方案，实现在任何时间、任何地方、通过任何方式，通过输入追溯码查询到牛肉产品质量信息，有效提高了信息共享的效率和查询准确性。

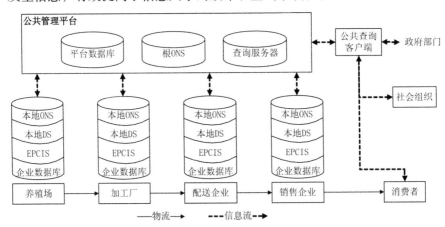

图 4.3 基于 RFID 和 EPC 网络的牛肉产品供应链质量信息共享模式

该信息共享模式中的供应链节点包括养殖场、加工厂、配送企业和销售企业，用户主体包括企业、消费者、社会组织和政府部门。节点企业负责自身产品质量信息的建立和维护，以及 EPC 数据在公共管理平台的注册。同时，节点企业需要查询物品在供应链上的来源和流向，也是供应链质量信息的使用者。消费者购买牛肉产品后，通过公共查询客户端或者销售企业的信息共享平台终端，输入产品包装盒上的 EPC 码，通过该平台查询产品历史和质量信息。社会组织如消费者组织、学术研究等通过该平台获取某个时期社会中牛肉产品质量状态，或者依据客观数据进行学术研究。政府部门负责公共管理平台的构建和维护，通过该平台对供应链上的企业和产品进行监督管理。

4.3　EPC 事件数据模型设计

4.3.1　牛肉产品供应链环节信息分析

牛肉产品供应链以开始育肥的牛犊入栏为起点，以终端销售点的产品销售结算为终点。

养殖阶段，牛犊入栏时，饲养员给每头牛犊佩戴具有唯一 EPC 编码的耳标，记录牛犊的品种、健康、转入信息[79]。在饲养过程中饲养人员以耳标为唯一标识记录饲料饲养、疾病免疫、疾病治疗等信息，饲养过程中的这些活动一般是针对许多头牛犊的，也就是以批次为单位进行，饲养过程的信息也主要是针对批次，这样可以减少数据冗余，提高信息可用性。饲养过程中的信息在企业应用系统中记录时，需要建立每头牛犊的耳标与饲养批次之间的对应关系，针对一个饲养批次的活动信息可以被属于该饲养批次的每头牛犊所拥有。特殊情况是一些活动是针对牛犊个体的，例如，对一个或多个牛的疾病治疗，这种情况下每头牛犊的耳标与饲养批次之间的对应关系在数据保存时不具有太多意义，需要以每头牛犊的耳标为单位记录个体活动信息。养殖出栏时，需要记录出栏的每头牛犊的耳标、健康状况、体质量、出栏日期等。

加工阶段，以牛入栏批次为单位记录所有该批次牛的 EPC 编码、检测项目、检测结果、检测人员、检测时间等信息。入厂检测合格后，工作人员扫描牛的耳标，并以耳标作为唯一标识记录牛个体的相关信息，以及屠宰过程相关信息；胴体劈半后，对每个二分体重新进行 EPC 编码，写入 RFID 标签并嵌入在二分体上，同时记录每个二分体的 EPC 编码与牛耳标中 EPC 编码的对应关系。排酸处理环节，工作人员在企业数据库记录二分体排酸处理的信息[80]。排酸处理后，把牛肉按部位分割成不同的产品，然后进行真空包装，真空包装后的牛肉产品分装在不同的包装盒中。为每个包装盒进行 EPC 编码，在企业数据库中记录牛肉产品的信息、包装盒 EPC 编码与对应二分体 EPC 编码的关联，基于包装盒 EPC 编码打印条码标签，贴在包装盒上。随后，将多个贴有 EPC 编码的包装盒装入包装箱中，包装箱附着含有其 EPC 编码的 RFID 标签，工作人员在企业数据库记录装箱信息，以及包装箱 EPC 编码与包装盒 EPC 编码的关联。装箱的牛肉产品运送到加工厂仓库，工作人员使用 RFID 阅读器读取包装箱的 RFID 标签，在企业数据库记录包装箱产品的入库信息。产品包装箱从加工厂出库时，工作人员使用 RFID 阅读器读取包装箱上的 RFID 标签，在企业数据库记录产品出库信息。

配送阶段，牛肉产品包装箱可能会经过多个配送企业，每个配送企业需要记录包装箱入库和出库信息。包装箱入库时，工作人员使用 RFID 阅读器读取包装箱的 RFID 标签，在企业数据库记录产品的入库信息；包装箱出库时，工作人员使用 RFID 阅读器读取包装箱上的 RFID 标签，在企业数据库记录产品出库信息。运输环节，运输企业为货柜分配一个系列货运包装箱代码，工作人员在运输企业数据库记录运单的相应信息。

销售阶段，销售企业入库验收时，工作人员使用 RFID 阅读器扫描牛肉产品包装箱的 RFID 标签，在企业数据库记录产品入库信息。包装箱入库后，工作人员进行拆箱将包装盒取出，在企业数据库记录拆箱信息，包括包装盒 EPC 编码与包装箱 EPC 编码的关联。产品销售时，收银员使用 POS 机扫描消费者所购买的产品进行结算，在企业数据库记录带有 EPC 编码的产品销售信息，消费者可根据该产品 EPC 编码从供应链信息共享平台查询详细信息。

4.3.2　牛肉产品供应链的产品单元模型

产品单元是指供应链信息系统中具有唯一性特征的实体，由标识信息和记录信息两部分组成，本书定义的产品单元数据模型如式 4.1 所示：

$$Product(U) = \{EPC(U), Event(U), Infor(U)\} \ (U = U_1, U_2, \cdots, U_n), \quad (4.1)$$

其中，U 是产品单元的集合。U_n 是牛肉产品供应链上不同环节的产品或物流单元；$EPC(U)$ 是产品或物流单元的唯一性标识；$Event(U)$ 表示产品单元 U 的 EPCIS 事件信息，存储在各节点企业的 EPCIS 服务器上；$Infor(U)$ 表示关键产品质量信息，来自于各节点的企业信息系统。

4.3.2.1　产品单元转换过程

（1）养殖环节

产品单元是佩戴 EPC 编码耳标的牛个体，用 U_1 表示，单元模型为 $Product$（U_1）。

（2）加工环节

牛被屠宰前，单元仍为牛个体，该阶段用 U_2 表示，单元模型为 Product（U_2）。

胴体加工环节，牛胴体被分割成二分体，然后进行排酸处理，产品单元转换为二分体，用 U_3 表示，单元模型为 Product（U_3）。

根据商业需要，牛肉按部位被分割成不同产品装入牛肉产品包装盒中，产品单元转换为牛肉产品包装盒，用 U_4 表示，单元模型为 Product（U_4）。

将若干牛肉产品包装盒装入不同的包装箱以入库、出库，产品单元转换为包装箱，用 U_5 表示，单元模型为 Product（U_5）。

（3）配送环节

牛肉产品包装箱在配送点转运，配送点需要记录包装箱入库和出库信息，产品单元仍为包装箱，用 U_6 表示，单元模型为 Product（U_6）。

（4）销售环节

牛肉产品包装箱运送到销售企业进行入库时，产品单元仍为包装箱，用 U_7 表示，单元模型为 Product（U_7）。

销售企业产品拆箱时，产品单元由包装箱变成了牛肉产品包装盒，用 U_8 表示，单元模型为 Product（U_8）。

产品销售时，产品单元仍为牛肉产品包装盒，用 U_9 表示，单元模型为 Product（U_9）。

牛肉产品供应链中的产品单元如表4.1所示。

表4.1 牛肉产品供应链中的产品单元

单元数据模型	产品单元	环节
Product（U_1）	牛个体	养殖
Product（U_2）	牛个体	加工
Product（U_3）	二分体	加工
Product（U_4）	牛肉产品包装盒	加工
Product（U_5）	包装箱	加工
Product（U_6）	包装箱	配送
Product（U_7）	包装箱	销售
Product（U_8）	牛肉产品包装盒	销售
Product（U_9）	牛肉产品包装盒	销售

4.3.2.2 产品单元编码

为便于 EPC 系统数据采集与处理，研究中采用电子产品代码（Electronic Product Code，EPC）来建立各环节产品（以及物流）单元的编码体系，采用 RFID 电子标签、条码及可附加 EPC 的耳标作为编码载体。EPC 编码是由版本号、域名管理者、对象分类、序列号这 4 段数字组成的一组数字，它对实体及实体相关信息进行代码化，是物品在网络中的唯一代号，通过统一规范的编码作为通用信息交换语言。根据标签存储信息的长度通常将 EPC 编码分为 3 个版本：EPC-64、EPC-96、EPC-256。其中，EPC-96 编码是目前使用最广泛的一种，表示该编码长度为 96 位（bit），编码体系如图 4.4 所示，编码 21. 203D2A. 16E5B1. 9719BAE03C 中，21 表示版本号，也称为标头，203D2A 为厂商识别代码，16E5B1 为对象分类代码，9719BAE03C 为厂商编制的序列号。

21. 203D2A. 16E5B1. 9719BAE03C

版本号 EPC 管理者 对象分类　序列号

8bits　　28bits　　24bits　　36bits

图 4.4　EPC-96 编码结构

4.3.3　EPCIS 事件定义

在 EPC 系统中，连接某组织中物品信息的 EPC 信息服务，是 EPC 系统得到广泛使用的关键。EPCIS 为访问和存储 EPC 相关数据提供了一个标准接口，已授权的贸易伙伴可以通过它来读写 EPC 相关数据，通过 EPCIS 可以掌握具体产品流通过程及其他与产品相关的信息。EPCIS 设计包括事件定义、事件捕获和事件查询，EPCIS 事件定义是平台实现成功追溯的关键。

EPCIS 事件是 EPCIS 的重要数据模型，是对追溯信息建模的关键。EPCIS 事件用于记录 EPC 产品的位置、属性、从属关系等变化的信息。一个完整的 EPCIS 事件包括 4 类信息：对象、日期和时间、地点和业务背景。每笔 EPCIS 事件资料均表达 4 个不同的 W：What（何种商品 EPC 码）、When（何时被读取）、Where（在何处被读取）、Why（因何种原因被读取），这些包含 4W 的事件已经具备基本的商业逻辑[81]。根据 EPCglobal 发布的 EPCIS 标准，EPCIS 事件包括 4 种类型：对象事件（ObjectEvent）、聚合事件（AggregationEvent）、数量事件（QuantityEvent）和交易事件（TransactionEvent）。对象事件表示有关一个或者多个由 EPC 码标识的物理对象的事件信息；聚合事件表示一个对象在物理上与另一个对象聚合在一起的关系，也可表示由一个对象在物理上产生多个对象的关系；数量事件表示对对象类型的具体数量统计；交易事件反映一个或多个对象的业务交易。

在牛肉产品供应链的养殖、加工、配送和销售环节，各产品节点企业的信息管理系统采集并管理产品相关信息。在关键追溯点，企业管理系统产生 EPCIS 事件，并把部分内部信息转换成外部追溯信息发送到企业的 EPCIS 服务器[82]。根据牛肉产品供应链业务信息、单元模型和 EPCIS 规范，抽象出 17 个典型的 EPCIS 事件及其追溯信息，如表 4.2 所示。

表 4.2　牛肉产品供应链中各环节的 EPCIS 事件

环节	编号	事件名称	事件类型	单元	标识	宏批次	事件信息
养殖	1	养殖入栏	Object	牛	耳标	入栏	品种、健康信息
	2	疾病免疫	Object	牛	耳标	养殖	免疫方法、药品名称、用药量等
	3	饲料饲养	Object	牛	耳标	养殖	配方、有无添加剂、配料员、饲养阶段等
	4	疾病治疗	Object	牛	耳标	养殖	疾病名称、治疗方法、药品名称、用药量等
	5	养殖出栏	Object	牛	耳标	养殖	健康状况、体质量、出栏日期等
加工	6	入厂检测	Object	牛	耳标	入厂	检测项目、检测结果、检测人员、检测时间等
	7	胴体加工	Aggregation	胴体	RFID 标签	加工	牛个体变成二分体
	8	排酸处理	Object	胴体	RFID 标签	加工	排酸时温度、湿度和排酸时长等
	9	分割包装	Aggregation	牛肉产品	EPC 编码	加工	二分体变成包装后的牛肉产品
	10	加工装箱	Aggregation	包装箱	RFID 标签	包装	单个牛肉产品变成包装箱
	11	加工入库	Quantity	包装箱	RFID 标签	入库	产品类别、产品数量、包装箱位置、入库时间、批号等
	12	加工出库	Transaction	包装箱	RFID 标签	出库	产品类别、产品数量、包装箱位置、出库时间、批号等

环节	编号	事件名称	事件类型	单元	标识	宏批次	事件信息
配送	13	配送入库	Transaction	包装箱	RFID 标签	入库	产品类别、产品数量、包装箱位置、入库时间、批号等
	14	配送出库	Transaction	包装箱	RFID 标签	出库	产品类别、产品数量、包装箱位置、出库时间、批号等
销售	15	销售入库	Transaction	包装箱	RFID 标签	入库	产品类别、产品数量、包装箱位置、入库时间、批号等
	16	产品拆箱	Aggregation	牛肉产品	EPC 编码	入库	包装箱变成单个牛肉产品
	17	产品销售	Object	牛肉产品	EPC 编码	入库	销售时间、收银员、票号等

（1）养殖环节

养殖环节有 5 个事件，分别为养殖入栏事件、疾病免疫事件、饲料饲养事件、疾病治疗事件、养殖出栏事件，各事件定义如下。

①牛犊入栏时，饲养员给每头牛犊佩戴具有 EPC 编码的耳标，阅读记录牛犊的品种、健康、转入、养殖批号等信息。把这些数据以 EPCIS 事件形式上传到养殖基地 EPCIS 服务器，事件类型选择 ObjectEvent，action 元素值为 ADD，bizStep 元素值设为"养殖入栏"标识。

②养殖过程中对牛疾病免疫时，工作人员记录牛的 EPC 列表、免疫方法、药品名称、药品来源、用药量、养殖批号等信息，并把这些数据以 EPCIS 事件形式上传到养殖基地 EPCIS 服务器，事件类型选择 Object-Event，action 元素的值为 OBSERVE，bizStep 元素的值设为"疾病免疫"标识。

③养殖过程中饲料饲养时，工作人员记录牛的 EPC 列表、饲料配方、有无添加剂、饲养阶段、养殖批号等信息，并把这些数据以 EPCIS 事件形式上传到养殖基地 EPCIS 服务器，事件类型选择 ObjectEvent，action 元素的值为 OBSERVE，bizStep 元素的值设为"饲料饲养"标识。

④养殖过程中对牛疾病治疗时，工作人员记录牛的 EPC 列表、疾病名称、治疗方法、药品名称、药品来源、用药量、养殖批号等信息，并把

这些数据以 EPCIS 事件形式上传到养殖基地 EPCIS 服务器，事件类型选择 ObjectEvent，action 元素的值为 OBSERVE，bizStep 元素的值设为"疾病治疗"标识。

⑤当牛出栏时，工作人员记录出栏的牛的 EPC 列表、健康状况、体质量、出栏日期、养殖批号、养殖基地名称等信息，并把这些数据以 EP-CIS 事件形式上传到养殖基地 EPCIS 服务器，事件类型选择 ObjectEvent，action 元素值为 OBSERVE，bizStep 元素的值设为"养殖出栏"标识。

（2）加工环节

加工环节有 7 个事件，分别为入厂检测事件、胴体加工事件、排酸处理事件、分割包装事件、加工装箱事件、加工入库事件、加工出库事件，各事件定义如下。

①当牛运至加工厂时，加工厂工作人员进行进厂检验。检验合格后，记录牛的 EPC 列表、检测项目、检测结果、检测时间、检测批号等信息。同时，将入厂检测信息以 EPCIS 事件形式上传到加工厂 EPCIS 服务器，事件类型选择 ObjectEvent，action 元素的值选择 OBSERVE，bizStep 元素的值设为"入厂检测"标识。

②对牛胴体加工时，需要增加一道牛胴体的 RFID 标签附着工序，并将 RFID 标签的 EPC 编码信息在数据库中初始化，记录胴体加工环境、时间信息、加工批号。同时，将这些数据以 EPCIS 事件形式上传到加工厂 EPCIS 服务器，事件类型选择 AggregationEvent，action 元素的值选择 ADD，bizStep 元素的值设为"胴体加工"标识，parentID 元素的值为牛的 EPC 编码，childEPCs 元素的值为产生的所有胴体的 EPC 编码，追溯对象由牛变成加工过程中的胴体。

③对牛胴体排酸处理时，工作人员记录牛胴体的 EPC 列表、温度、湿度和排酸时长、加工批号等信息，将排酸处理信息以 EPCIS 事件形式上传到加工厂 EPCIS 服务器，事件类型选择 ObjectEvent，action 元素的值选择 OBSERVE，bizStep 元素的值设为"排酸处理"标识。

④对牛胴体分割包装时，需要增加一道牛肉产品包装盒的 RFID 标签附着工序，并将 RFID 标签的牛肉产品 EPC 编码信息在数据库中初始化，记录牛肉产品信息、包装信息、包装批号等。同时，将这些数据以 EPCIS 事件形式上传到加工厂 EPCIS 服务器，事件类型选择 AggregationEvent，action 元素的值选择 ADD，bizStep 元素的值设为"分割包装"标识，parentID 元素的值为牛胴体的 EPC 编码，childEPCs 元素的值为产生的所

有牛肉产品的包装盒的 EPC 编码，追溯对象由牛胴体变成加工过程中的牛肉产品包装盒。

⑤牛肉产品包装盒标签附着好后，将多个贴有 EPC 编码的包装盒装入包装箱中。装箱过程中，也需增加包装箱的 RFID 标签附着工序。包装箱 RFID 标签的 EPC 编码信息在数据库中初始化，工作人员记录包装箱中包装盒数量、总重量、包装材料、包装日期、包装批号等信息。同时，将这些数据以 EPCIS 事件形式上传到加工厂 EPCIS 服务器，事件类型选择 AggregationEvent，action 元素的值选择 ADD，bizStep 元素的值设为"加工装箱"标识，parentID 元素的值为包装箱 EPC 编码，childEPCs 元素的值为包装箱内所有包装盒的 EPC 编码，追溯对象由牛肉产品包装盒变成包装箱。

⑥当牛肉产品包装箱被运至加工厂仓库时，工作人员使用 RFID 终端读取包装箱的 RFID 标签，并记录牛肉产品的 EPC 类别、所有牛肉产品包装箱的 EPC 列表、牛肉产品的数量、入库位置、入库时间、入库批号等信息。同时，将这些数据以 EPCIS 事件形式上传到加工厂 EPCIS 服务器，事件类型选择 QuantityEvent，action 元素值选择 OBSERVE，bizStep 元素值设为"加工入库"标识，epcClass 元素值为牛肉产品 EPC 编码的对象分类，quantity 元素值为同类对象的数量。

⑦牛肉产品包装箱出库时，工作人员使用 RFID 终端读取包装箱的 RFID 标签，并记录所有牛肉产品包装箱的 EPC 列表、出库位置、出库时间及出库批号。同时，将这些数据以 EPCIS 事件形式上传到加工厂 EPCIS 服务器，事件类型选择 TransactionEvent，action 元素的值选择 OBSERVE，bizStep 元素的值设为"加工出库"标识。

（3）配送环节

配送环节有配送入库事件和配送出库事件，各事件定义如下。

①牛肉产品包装箱运至配送中心时，工作人员使用 RFID 终端读取包装箱的 RFID 标签进行入库作业，记录所有牛肉产品包装箱的 EPC 列表、入库位置、入库时间、入库批号，以 EPCIS 事件形式上传到配送中心 EPCIS 服务器，事件类型选择 TransactionEvent，action 元素的值选择 OB-SERVE，bizStep 元素的值设为"配送入库"标识。

②牛肉产品包装箱出库时，工作人员使用 RFID 终端扫描包装箱的 RFID 标签，将所有牛肉产品包装箱的 EPC 列表、出库位置、出库时间及出库批号以 EPCIS 事件形式上传到配送中心 EPCIS 服务器，事件类型选择

TransactionEvent，action 元素的值选择 OBSERVE，bizStep 元素的值设为"配送出库"标识。

（4）销售环节

销售环节有销售入库事件、产品拆箱事件和产品销售事件，各事件定义如下。

①当牛肉产品包装箱运至销售点进行入库验收时，工作人员使用 RFID 终端扫描包装箱的 RFID 标签进行入库作业，将所有牛肉产品包装箱的 EPC 列表、入库位置和入库时间等信息以 EPCIS 事件形式上传到销售点 EPCIS 服务器，事件类型选择 TransactionEvent，action 元素的值选择 OBSERVE，bizStep 元素的值设为"销售入库"标识。

②当入库完成后进行产品拆箱时，需要发布 EPCIS 事件来解除之前建立的牛肉产品包装盒与牛肉产品包装箱的从属绑定关系，将拆箱信息以 EPCIS 事件形式上传到销售点 EPCIS 服务器，事件类型选择 Aggregation-Event，action 元素的值选择 DELETE，bizStep 元素的值设为"产品拆箱"标识，parentID 元素的值为包装箱 EPC 编码，childEPCs 元素的值为包装箱内所有包装盒的 EPC 编码。拆箱后，追溯对象由牛肉产品包装箱变成牛肉产品包装盒。同时，工作人员把牛肉产品包装盒上的 RFID 标签取下，通过读取标签获取 EPC 编码，并把该 EPC 编码作为追溯码贴在产品包装盒上。

③在每个牛肉产品包装盒销售时，收银员使用 POS 机，扫描消费者所购买的产品进行结算，并实时将记录牛肉产品包装盒的 EPC 列表等销售信息以 EPCIS 事件形式上传到销售点 EPCIS 服务器，事件类型选择 ObjectEvent，action 元素的值选择 OBSERVE，bizStep 元素的值设为"产品销售"标识。

4.3.4　EPC 关联数据模型

EPCIS 事件数据模型定义了对象事件、聚合事件、数量事件、业务事件 4 种类型的 EPCIS 事件，事件数据可存储在关系数据库中，是用户获取 EPC 信息的来源。EPCIS 事件，特别是聚合事件包含了 EPC 和新 EPC 之间的分离、合并等活动，对 EPC 对象关联数据的查询需要高效的数据查询机制，EPCIS 事件数据模型难以有效支持这种对数据之间关系的高效查询。

由于食品供应链中食品的流通路径可以抽象成有向图的结构，EPCIS

事件可以表示为图的节点，EPCIS 事件间的关系可以使用连接 EPCIS 事件的边来表示。因此，EPC 关联数据可以用有向图的索引结构来表示 EPCIS 事件数据之间的关系，在 EPC 网络中该数据关系由数据发现系统进行管理[83]。数据发现系统接收到 EPCIS 发布的数据，把它转换成节点索引数据结构（ds-index）存储，主要包括数据域、虚拟头指针域、虚拟尾指针域和事件域 4 个部分，如图 4.5 所示。

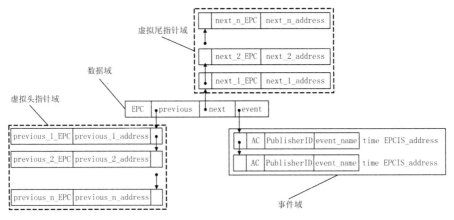

图 4.5　节点索引数据结构

（1）数据域

ds-index 的数据域保存了用户发布的 EPC 数据。当 EPCIS 系统向数据发现系统发布一个新的记录时，数据发现系统会查找该 EPC 是否在服务器维护的当前记录中存在。如果不存在，则初始化一个空的 ds-index 结构并赋值给数据域，接着把事件信息添加到事件域并根据发布的事件类型来更新虚拟指针。如果在数据发现系统服务器维护的记录中已经存在该 EPC，则不必创建新的 ds-index 结构，直接更新（如添加或修改操作）事件域和虚拟指针域。

（2）事件域

ds-index 的事件域提供了 EPCIS 系统发布的数据中描述该 EPC 的物品状态或发生的事件，如养殖入栏、疾病治疗、加工装箱、加工入库、加工出库等。事件域中每一条记录对应 EPCIS 系统发布的该 EPC 对应的一次事件记录。事件域中的每一条记录中，AC（Access Control）表示该记录的访问控制符，PublisherID 表示该事件的发布者，event _ name 表示事件名称，time 表示事件发生时间，EPCIS _ address 表示记录该事件详细信息的 EPCIS 服务地址。

（3）虚拟指针域

ds-index 的虚拟指针域包括虚拟头指针域和虚拟尾指针域，虚拟头指针域存储当前 EPC 的前一个或者多个关联 EPC 及其 DS 服务地址；虚拟尾指针域存储当前 EPC 的下一个或者多个关联 EPC 及其 DS 服务地址。之所以称其为"虚拟指针"是因为它所指向的 EPC 对象与该 EPC 存在逻辑关联，但是物理上可能位于不同数据发现服务器上。EPC 之间的关系有一对一、一对多和多对一的关系，所以虚拟指针域中可能会有多条记录。

4.4 牛肉产品供应链的质量信息共享应用

4.4.1 EPC 数据采集技术

以牛肉产品供应链信息共享为服务目的的企业 EPC 数据包括 EPCIS 事件数据、数据发现（DS）数据和 Local ONS 数据，分别由 EPCIS、数据发现（DS）系统和 Local ONS 系统管理，企业 EPC 数据采集过程及其与企业信息系统之间的关系如图 4.6 所示。

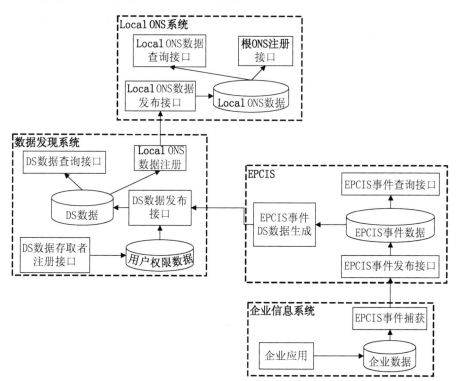

图 4.6 企业 EPC 数据采集过程

4.4.1.1 EPC 数据采集流程

供应链上各企业的管理信息系统通过 RFID 读写器、无线传感器网络和信息输入模块采集业务信息并进行处理和存储，数据采集步骤如下。

①基于 EPCIS 事件定义和系统模块设置，企业的应用系统产生 EPCIS 事件数据，通过 EPCIS 信息捕获接口传送给企业 EPCIS；

②EPCIS 通过事件发布接口验证、接收并保存 EPCIS 事件数据；

③EPCIS 产生事件的 EPC 和 EPCIS 服务地址数据，发送给企业 DS 系统；

④DS 系统验证用户数据发布权限，依据节点索引数据结构规则进行数据存储；

⑤DS 系统判断数据域的 EPC 所属机构和物品类别码是否已经存储，如果为新的机构和物品类别码，将该 EPC 及其 DS 服务地址发送给企业 Local ONS 系统进行注册；

⑥Local ONS 系统通过数据发布接口接收该 EPC 和 DS 服务地址的信息并保存；

⑦Local ONS 系统分析该 EPC 的机构和物品类别码是否已经在根 ONS 系统注册，如果没有，发送该 EPC 码和 Local ONS 服务地址信息，通过根 ONS 注册接口注册到根 ONS 服务器，以便于供应链信息查询的全局网络寻址。

根 ONS 保存 EPC 机构和物品类别码而不是 EPC 机构码，能够将用户查询精确到物品类别层次而不是抽象的机构层次，有助于准确定位维护该物品类别码的 Local ONS 服务地址，自动过滤掉那些维护该机构码而非该机构特定物品类别码的 Local ONS 服务地址，消除大量无效的对 Local ONS 的查询。各系统数据捕获、发布和查询采用 Web service 实现。

4.4.1.2 DS 数据的创建与更新原理

EPCIS 支持各事件详细数据的保存和查询，DS 系统处理供应链上的序列、聚合、分离等活动产生的不同 EPC 之间的关联数据，可以支持牛肉产品供应链的复杂数据查询。这里用前面介绍的节点索引数据结构 ds-index 作为数据存储模型，当 EPCIS 事件 DS 数据生成接口发送新数据后，DS 数据发布接口根据 EPC 数据间逻辑更新 ds-index 数据。

（1）ds-index 数据的创建

有权限的 EPCIS 需调用 DS 系统的数据发布接口以发布数据，该接口是面向事件的，EPCIS 发布的事件 DS 数据包括 EPC、事件名称、发生时间和 EPCIS 服务地址。

DS 数据发布接口创建一个 ds-index 结构。接收到的 EPC 填入数据域；

根据 EPCIS 的 PublisherID、注册权限自动填写事件域的 AC 和 PublisherID 数据项，根据接收到的事件 DS 数据填写 event_name、time 和 EPCIS_address 数据项；虚拟头指针域为空，表示之前没有其他的 EPC 与之关联。如果有其他的 EPC 与新创建的 EPC 关联，DS 数据发布接口获取相关 EPC 及其 DS 服务地址，同时更新新创建的 EPC 的 ds-index 的虚拟头指针域和相关 EPC 的 ds-index 的虚拟尾指针域；如果有多个 EPC 与新创建的 EPC 关联，新创建的 EPC 的 ds-index 的虚拟头指针域是一个由多个虚拟指针组成的列。

（2）ds-index 数据的更新

随着食品供应链上产品的流通，DS 系统中，同一个 EPC 会流经不同节点并且 EPC 标记的产品的状态也在不断地发生改变。不同节点会把 EPC 的事件数据发布到不同的 DS 服务器上，DS 服务器存储了节点 EPCIS 发布的数据后，还需根据产品的流通路径建立与前序数据的关联关系。ds-index 更新事件的范围非常广泛，一切与 EPC 状态变更有关的活动都可以归为 ds-index 更新事件。

ds-index 更新主要分为两个步骤：记录事件信息和创建事件间的关联关系，而事件间关联从逻辑上又可以分为：一对一关联、一对多关联和多对一关联，即单一关联关系、拆分关系和聚合关系。节点索引数据结构（ds-index）的逻辑结构是有一张有向图，EPCIS 发布的 EPC 事件数据都可以抽象成一个节点。从节点的角度出发，ds-index 的更新可以看作在有向图中建立新的节点与已有节点的关联操作，DS 系统依据 EPCIS 发布的 EPC 事件数据决定如何关联新的节点与已有节点。EPC 事件数据是个复合类型参数，它包含 EPC、事件类型、与其他 EPC 的关联关系和目标节点的地址，目标节点的地址是单个也可以是多个（如拆分关系）。接下来分别介绍一对一关联、一对多关联和多对一关联的 ds-index 更新规则。

①一对一关联。牛肉食品供应链养殖环节的养殖入栏事件、疾病免疫事件、饲料饲养事件、疾病治疗事件、养殖出栏事件对每头牛使用同一个 EPC 进行标记，这些事件的 EPC 间的一对一关联。一对一关联也可以是不同 EPC 之间的关联，如果在销售环节，牛肉产品包装盒的 RFID 标签被取下，在销售点被重新编码，新编码与 RFID 标签的 EPC 之间也是一对一关联。图 4.7（a）中的圆形分别表示事件 1 和事件 2，事件 1 的发生时间早于事件 2，事件 1 对应的空心矩形表示它的虚拟尾指引域，事件 2 对应的实心矩形表示它的虚拟头指针域。事件 2 所在的 DS 系统将更新事件 2 的虚拟指针指向事件 1，表示事件 2 的前一个事件是事件 1。在 DS 系统

中，更新请求的发起方是逆着事件发生的时间轴的，也就是事件 2 向 DS 系统提交了更新关联（事件 1 的虚拟尾指引域）的请求并传递了目标事件（即事件 2）的 DS 服务地址。

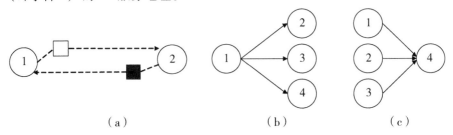

（a）　　　　　　　　　（b）　　　　　　　　（c）

图 4.7　事件节点的关联关系

②一对多关联。牛肉食品供应链加工环节的胴体加工事件中，产生了两个二分体的 EPC 与牛耳标 EPC 相对应；分割包装事件产生了多个包装盒 EPC，与二分体 EPC 对应。销售环节的产品拆箱事件中，包装箱 EPC 对应了多个包装盒 EPC。这类关联反映了源 EPC 和目标 EPC 之间的拆分关系，如图 4.7（b）所示，图中简化了虚拟指针之间的关联，用一条实线表示两个事件的关联，箭头的方向表示事件发生的时间顺序。对于图 4.7（b），EPCIS 向有权限的 DS 服务器发布了事件 2、事件 3、事件 4，3 个事件所属的 DS 系统分别向事件 1 的 DS 系统提交了更新关联（事件 1 的虚拟尾指引域）的请求并传递目标事件（即事件 2、事件 3、事件 4）的 DS 服务地址，事件 1 的 DS 系统需要进行 3 次更新操作，在事件 1 的虚拟尾指引域分别记录 3 个事件对应的 EPC 和 DS 服务地址。

③多对一关联。牛肉食品供应链加工环节的加工装箱事件中，多个贴有 EPC 编码的包装盒装入一个包装箱中进入流通过程，发生了聚合活动，多个包装盒 EPC 对应于一个包装箱的 EPC，这种多对一关联反映了源 EPC 和目标 EPC 之间的聚合关系。图 4.7（c）中，事件 1、事件 2、事件 3 与事件 4 为前后关联事件，EPCIS 向 DS 系统发布了事件 4，事件 4 的 DS 系统分别向事件 1、事件 2、事件 3 的 DS 系统提交更新关联（事件 1、事件 2、事件 3 的虚拟尾指引域）的请求并传递目标事件（即事件 4）的 DS 服务地址，事件 1、事件 2、事件 3 的 DS 系统分别进行更新操作，在各自事件的虚拟尾指引域记录事件 4 对应的 EPC 和 DS 服务地址。

（3）EPC 在 ds-index 中的终结

牛肉食品供应链中具有 EPC 的主要物品包括牛、牛胴体、牛肉产品包装盒、牛肉产品包装箱，这些 EPC 标识的物品在流通中由于加工使用、拆分、聚合、转移等活动被重新编码，新 EPC 与源 EPC 关联后即表示源 EPC 生命周期的终结，这是 EPC 在 ds-index 中的隐性终结；最终物品出售给消费者后，也表示最终物品 EPC 生命周期的终结，这是 EPC 在 ds-index 中的显性终结。隐性终结的物品 EPC 的虚拟尾指引域指向关联的 EPC 及其 DS 服务地址，显性终结的物品 EPC 的虚拟尾指引域为空，表示不存在关于该 EPC 的任何后续事件。

4.4.2　牛肉产品供应链中的 EPC 数据采集

牛肉产品供应链 EPC 数据采集包括 EPCIS 事件数据采集、DS 数据采集、Local ONS 数据采集及根 ONS 数据采集。根 ONS 系统数据库保存牛肉产品供应链上不同 Local ONS 系统新增的 EPC 码及其 Local ONS 服务地址，牛肉产品供应链上不同 Local ONS 系统数据库保存各企业的 EPC 码及其 DS 服务地址，基于格式化数据的存储和查询，根 ONS 系统和 Local ONS 系统提供不同范围、不同类型的地址定位服务。

本书中牛肉产品供应链的一个流程实例如图 4.8 所示，各环节的 EPC 标记如下。

①肉牛养殖，记录牛犊的入栏、饲料饲养、基础免疫、疾病治疗、出栏、检验等信息，以牛犊佩戴的 EPC 耳标为标记；

②胴体加工处理，追溯对象由牛变成加工过程中的胴体，以胴体 EPC 号码为标记；

③肉品分割包装，装入牛肉产品包装盒中，以牛肉产品包装盒 EPC 号码为标记；

④牛肉产品包装盒装箱，装入不同的包装箱以便于运输，以包装箱 EPC 号码为标记；

⑤牛肉产品包装箱的物流、运输过程，该过程中多个包装箱装入更大容器中进行转移，追溯单元可能为装运容器的 EPC 号码以利于批量追踪，这里将业务简化，仍然以包装箱 EPC 号码为标记，追溯粒度小于装运容器；

⑥产品拆箱环节，拆箱后追溯对象由包装箱变成了牛肉产品包装盒，肉品分割包装时已经为牛肉产品包装盒进行了编码，仍以原有牛肉产品包装盒 EPC 号码为标记；

⑦产品销售，牛肉产品销售给顾客，以牛肉产品包装盒 EPC 号码为标记。

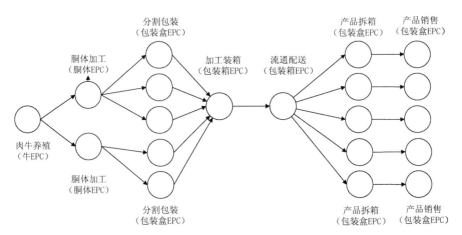

图4.8　牛肉产品供应链的一个流程实例

4.4.2.1　牛肉产品供应链的 EPCIS 事件数据采集

EPCglobal 的 EPCIS 规范描述 EPCIS 操作基本数据和事件数据两种类型的数据。基本数据是包含理解事件数据上下文内容的额外数据，它包含生产日期、有效期、产品名、生产厂商等静态属性。事件数据是在业务处理过程中产生的数据，通过 EPCIS 捕获接口来捕获，并且可以使用 EPCIS 查询接口查询。事件数据包含 4 种类型：对象事件、聚合事件、数量事件、业务事件。与事件类型相对应，EPCIS 标准定义了 4 种标准的 XML 事件，如表4.3 所示。

表4.3　标准 XML 事件类型

事件类型	属性
对象事件	时间戳、动作、EPC 列表、交易步骤、交易地点、采集点、状态、事件处理
聚合事件	时间戳、动作、父对象、子 EPC 列表、交易步骤、交易地点、采集点、状态、事件处理
数量事件	时间戳、EPC 类、数量、交易步骤、交易地点、采集点、状态、事件处理
业务事件	时间戳、动作、父对象、EPC 列表、交易步骤、交易地点、采集点、状态、事件处理

根据牛肉产品供应链的业务信息、单元模型和 EPCIS 标准，抽象出的 17 个典型 EPCIS 事件包括 4 种类型的事件，基于图 4.6 表示的企业 EPC 数据采集过程，企业信息系统的事件捕获接口将事件数据以相应的标准

XML方式传送到EPCIS系统进行保存。对象事件的EPC列表、聚合事件中父对象与子EPC列表的联系、业务事件中父对象与EPC列表的联系，这些复杂关系采用关系数据库的关系模式设计。

4.4.2.2　牛肉产品供应链的DS数据采集

DS数据采集就是EPC的ds-index数据的创建或更新，具体操作是记录事件信息和创建事件间的关联关系，将EPCIS发布的数据转换成ds-index存储，ds-index的数据域和事件域的操作相对简单，虚拟指针域的值依赖于不同时间发生的事件的EPC之间的关系。基于图4.8中牛肉产品供应链的流程实例，整个过程涉及3次EPC编码拆分关系和一次聚合关系，有5次EPC编码的转换。图4.9表示了整个过程的EPC编码之间的关系，每个编码包含3个字段：EPC * 事件 * 发生时间，A * Create * T1表示EPC为A的牛在时间T1发生了事件Create，整个过程共包含17个步骤，部分步骤使用圆圈中数字编号标注。

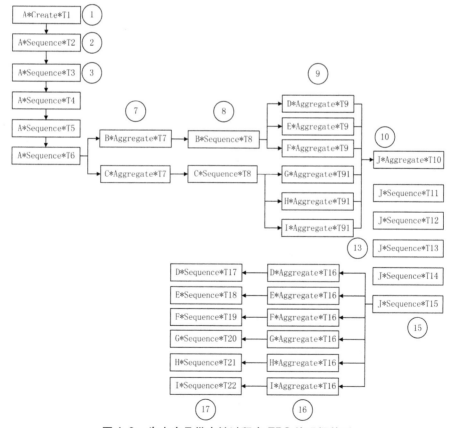

图4.9　牛肉产品供应链过程中EPC编码间关系

①在步骤1，牛犊入栏后，饲养员给每头牛犊佩戴有 EPC 编码的耳标，创建了 EPC 为 A 的牛。养殖场 DS 系统接收到养殖场 EPCIS 系统传输的事件 Create 数据后，创建一条 EPC 为 A 的 ds-index 记录，将该 EPC 填入数据域，在事件域添加该事件。

②在步骤2，EPC 为 A 的牛的编码没有变化，只是在时间 T2 产生了新的事件——疾病免疫，这里用事件 Sequence 来表示。养殖场 DS 系统接收到养殖场 EPCIS 系统传输的事件数据后，更新 EPC 为 A 的 ds-index 的事件域，添加一条新事件记录。

③在步骤3至步骤5，分别发生了饲料饲养、疾病治疗、养殖出栏事件。EPC 为 A 的牛编码没有变化，与步骤2操作类似，养殖场 DS 系统接收到养殖场 EPCIS 系统传输的每个事件数据后，更新 EPC 为 A 的 ds-index 的事件域，添加每条新事件记录。

④在步骤6，EPC 为 A 的牛在时间 T6 产生了入厂检测事件 Sequence，加工厂工作人员进行牛的入厂检测，将检测信息以 EPCIS 事件形式上传到加工厂 EPCIS 系统，加工厂 EPCIS 系统将 EPC 为 A 的牛的该事件数据传送给加工厂 DS 系统，加工厂 DS 系统创建一条 EPC 为 A 的 ds-index 记录，将该 EPC 填入数据域，在事件域添加该事件数据。加工厂 DS 系统与 Local ONS 和根 ONS 系统协同，获取 A 的养殖场 DS 服务地址，并向养殖场 DS 系统传输 A 及其加工厂 DS 服务地址数据请求更新其 EPC 为 A 的 ds-index 的虚拟尾指针域，养殖场 DS 系统将 A 和加工厂 DS 服务地址填入 EPC 为 A 的 ds-index 的虚拟尾指针域。同时，加工厂 DS 系统将 A 和养殖场 DS 服务地址填入 EPC 为 A 的 ds-index 的虚拟头指针域。

⑤在步骤7，对 EPC 为 A 的牛进行胴体加工，时间 T7 产生 B、C 两个新的编码，加工厂 EPCIS 系统将 EPC 为 B、C 的胴体加工事件数据，以及 B、C 与 A 的拆分关系传送给加工厂 DS 系统，加工厂 DS 系统创建一个 EPC 为 B、C 的 ds-index 结构，并且将 A 及其加工厂 DS 服务地址填入 B、C 的 ds-index 的虚拟头指针域。同时，将 B、C 及其加工厂 DS 服务地址填入 A 的 ds-index 的虚拟尾指针域。

⑥在步骤8，EPC 为 B、C 的两个胴体编码没有变化，只是在时间 T8 发生了新的事件——排酸处理，用事件 Sequence 来表示。加工厂 DS 系统接收到加工厂 EPCIS 系统传输的事件数据后，更新 EPC 为 B、C 的 ds-index 的事件域，添加一条新事件记录。

⑦在步骤9，对 EPC 为 B、C 的两个牛胴体分割包装形成多个牛肉产

品包装盒，由 B 产生了新编码 D、E、F，由 C 产生了新编码 G、H、I。加工厂 EPCIS 系统将 EPC 为 D、E、F 的胴体加工事件数据及 D、E、F 与 B 的拆分关系，以及 EPC 为 G、H、I 的胴体加工事件数据及 G、H、I 与 C 的拆分关系，传送给加工厂 DS 系统。加工厂 DS 系统创建一个 EPC 为 D、E、F 的 ds-index 结构，将 B 及其加工厂 DS 服务地址填入 D、E、F 的 ds-index 的虚拟头指针域，将 D、E、F 及其加工厂 DS 服务地址填入 B 的 ds-index 的虚拟尾指针域。同时，加工厂 DS 系统创建一个 EPC 为 G、H、I 的 ds-index 结构，将 C 及其加工厂 DS 服务地址填入 G、H、I 的 ds-index 的虚拟头指针域，将 G、H、I 及其加工厂 DS 服务地址填入 C 的 ds-index 的虚拟尾指针域。

⑧在步骤 10，若干个牛肉产品包装盒放入一个包装箱中。该场景中，编码 D、E、F、G、H、I 的牛肉产品包装盒物理上聚合在一个编码为 J 的包装箱中，在时间 T10 发生了新的事件——加工装箱。加工厂 EPCIS 系统将 EPC 为 J 的加工装箱事件数据及 D、E、F、G、H、I 与 J 的聚合关系传送给加工厂 DS 系统。加工厂 DS 系统创建一个 EPC 为 J 的 ds-index 结构，由于步骤 9 中编码 D、E、F、G、H、I 使用了两个 ds-index 结构，将 D、E、F 及其加工厂 DS 服务地址，G、H、I 及其加工厂 DS 服务地址分别填入 J 的 ds-index 的虚拟头指针域。同时，将 J 及加工厂 DS 服务地址分别填入 D、E、F 的 ds-index 的虚拟尾指针域和 G、H、I 的 ds-index 的虚拟尾指针域。

⑨在步骤 11 和步骤 12，发生了加工入库和加工出库事件。EPC 为 J 的包装箱的编码没有变化，加工厂 DS 系统接收到加工厂 EPCIS 系统传输的每个事件数据后，更新 EPC 为 J 的 ds-index 的事件域，添加每条新事件记录。

⑩在步骤 13，EPC 为 J 的包装箱在时间 T13 发生了配送入库事件 Sequence。配送企业 EPCIS 系统将 EPC 为 J 的该事件数据传送给配送企业 DS 系统，配送企业 DS 系统创建一条 EPC 为 J 的 ds-index 记录，将该 EPC 填入数据域，在事件域添加该事件数据。同时，配送企业 DS 系统与 Local ONS 和根 ONS 系统协同，获取 J 的加工厂 DS 服务地址，并向加工厂 DS 系统传输 J 及其配送企业 DS 服务地址数据请求更新其 EPC 为 J 的 ds-index 的虚拟尾指针域。加工厂 DS 系统将 J 和配送企业 DS 服务地址填入 EPC 为 J 的 ds-index 的虚拟尾指针域；配送企业 DS 系统将 J 和加工厂 DS 服务地址填入 EPC 为 J 的 ds-index 的虚拟头指针域。

⑪在步骤 14，发生了配送出库事件。EPC 为 J 的包装箱的编码没有变化，配送企业 DS 系统接收到配送企业 EPCIS 系统传输的配送出库事件数据后，更新 EPC 为 J 的 ds-index 的事件域，添加新事件记录。

⑫在步骤 15，EPC 为 J 的包装箱在时间 T15 发生了销售入库事件 Sequence。销售企业 EPCIS 系统将 EPC 为 J 的该事件数据传送给销售企业 DS 系统，销售企业 DS 系统创建一条 EPC 为 J 的 ds-index 记录，将 J 填入数据域，在事件域添加该事件。同时，销售企业 DS 系统与 Local ONS 和根 ONS 系统协同，获取 J 的配送企业 DS 服务地址，并向配送企业 DS 系统传输 J 及其销售企业 DS 服务地址数据请求更新其 EPC 为 J 的 ds-index 的虚拟尾指针域，配送企业 DS 系统将 J 和销售企业 DS 服务地址填入 EPC 为 J 的 ds-index 的虚拟尾指针域，销售企业 DS 系统将 J 和配送企业 DS 服务地址填入 EPC 为 J 的 ds-index 的虚拟头指针域。

⑬在步骤 16，EPC 为 J 的包装箱在时间 T15 发生了产品拆箱事件，物理上出现了编码为 D、E、F、G、H、I 的牛肉产品包装盒，销售企业 EPCIS 系统将 EPC 为 J 的产品拆箱事件数据及 J 与 D、E、F、G、H、I 的拆分关系，传送给销售企业 DS 系统。销售企业 DS 系统创建一个 EPC 为 D、E、F、G、H、I 的 ds-index 结构，将 J 及其销售企业 DS 服务地址填入 D、E、F、G、H、I 的 ds-index 的虚拟头指针域，将编码 D、E、F、G、H、I 及其销售企业 DS 服务地址填入 J 的 ds-index 的虚拟尾指针域。

⑭在步骤 17，编码为 D、E、F、G、H、I 的牛肉产品包装盒销售时间不同，在不同时间发生了产品销售事件，销售企业 DS 系统在接收到销售企业 EPCIS 系统传输的编码为 D、E、F、G、H、I 中的任何一个编码的产品销售事件数据时，创建对应编码的 ds-index 结构，添加事件记录，并且将步骤 16 中 D、E、F、G、H、I 及其销售企业 DS 服务地址填入该编码的 ds-index 的虚拟头指针域，将该编码及其销售企业 DS 服务地址填入 D、E、F、G、H、I 的 ds-index 的虚拟尾指针域。

4.4.2.3 不同物理 DS 系统中 EPC 数据关联

牛肉产品供应链的 DS 数据采集形成 ds-index 数据，ds-index 事件域中每一个事件数据逻辑上都是一个个节点，物理上可能存在于一个 DS 系统中，也可以是位于不同的 DS 系统。处于同一个物理 DS 实例中的具有相同 EPC 的一对一关系的事件节点的数据使用一个 ds-index 结构；对于处于同一个物理 DS 实例中的拆分和聚合事件使用虚拟指针域中的数据指针和对应的数据相关联；对于位于不同的物理 DS 实例中数据的关联关系也使用虚拟指针进行关联，虚拟指针数据包括 EPC 和对应的物理 DS 实例地址。牛肉产品供应链实例中位于不同的物理 DS 实例中数据的关联关系主要存在于上下游发生交易的企业之间。例如，养殖场和加工厂之间、加工厂和配送企业之间、配送企业和销售企业之间，数据的关联逻辑表述于④⑩⑫部分。这里以加工厂和配送企业之间交易为例，位于两个物理 DS 实例中 EPC 数据关联建立过程如图 4.10 所示。

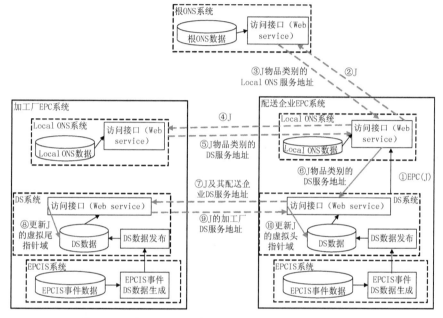

图 4.10　加工厂和配送企业的 EPC 数据关联建立过程

①配送企业 DS 系统向其 Local ONS 系统发生 J 请求 J 的加工厂 DS 服务地址；

②配送企业 Local ONS 解析 J 的物品类别，向根 ONS 系统请求 J 的 Local ONS 服务地址；

③根 ONS 根据其 ONS 数据查询维护 J 物品类别的 Local ONS 服务地址，返回所有维护 J 物品类别的 Local ONS 服务地址给配送企业 Local ONS；

④配送企业 Local ONS 根据 J 所包含的公司代码及自己需要维护的节点环节数据，从所有 J 物品类别的 Local ONS 服务地址中选择出加工厂 Local ONS服务地址，向加工厂 Local ONS 服务地址查询 J 物品类别的加工厂 DS 服务地址；

⑤加工厂 Local ONS 系统查询 J 物品类别的加工厂 DS 服务地址，并返回该地址给配送企业 Local ONS 系统；

⑥配送企业 Local ONS 返回 J 物品类别的加工厂 DS 服务地址给配送企业 DS 系统；

⑦配送企业 DS 系统向 J 物品类别的加工厂 DS 系统传送 J 及其配送企业 DS 服务地址请求更新 J 的 ds-index 的虚拟尾指针域；

⑧加工厂 DS 系统将 J 及其配送企业 DS 服务地址填入 J 的 ds-index 的虚拟尾指针域；

⑨加工厂 DS 系统将 J 的加工厂 DS 服务地址返回给配送企业 DS 系统；

⑩配送企业 DS 系统将 J 及其加工厂 DS 服务地址填入 J 的 ds-index 的虚拟头指针域。

4.4.3　牛肉产品供应链质量信息查询

4.4.3.1　EPC 对象事件查询步骤

用户需要获取牛肉产品供应链上有 EPC 号码的物品的质量信息时，通过 RFID 读取设备、条码扫描设备或者界面录入方式采集 EPC 数据传送到 Client 端，Client 从 EPC 网络查询 EPC 对象事件数据后排序返回给用户，实现过程如图 4.11 所示，Client 从 EPC 网络查询 EPC 对象事件的步骤如下。

①Client 向 Local ONS 查找 EPC 对象的 Local DS 服务地址。Client 向 Local ONS 提交查询对象的 EPC，请求管理该 EPC 的企业或者机构的 Local DS 服务地址。如果用户仅查询本组织数据，Local ONS 从自己管理的记录中查找 EPC 物品编码的 Local DS 服务地址，返回获得的 Local DS 服务地址并执行步骤⑥；如果用户需查询供应链全局数据，则执行步骤②。

②Local ONS 向根 ONS 请求维护 EPC 物品类别的 Local ONS 服务地址。Local ONS 发送 EPC 给根 ONS，根 ONS 查询管理此机构和物品类别码的 Local ONS（n）服务地址信息。

③根 ONS 向 Local ONS 返回管理此机构和物品类别码的 Local ONS（n）服务地址信息。

④Local ONS 向 Local ONS（n）查询维护该 EPC 机构和物品类别的 Local DS 服务地址。Local ONS 将查询对象 EPC 发送给 Local ONS（n），Local ONS（n）查询管理此 EPC 的机构和物品类别码的 Local DS 服务地址

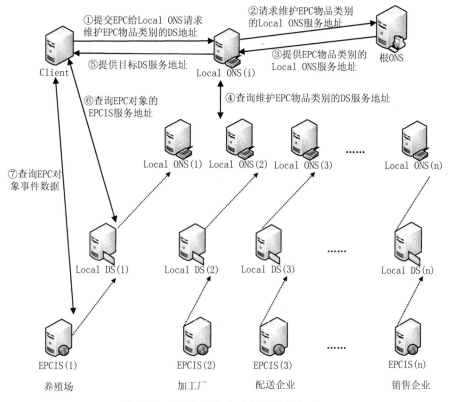

图 4.11　EPC 网络中对象事件查询过程

信息并返回给 Local ONS。

⑤Local ONS 向 Client 返回管理该 EPC 机构和物品类别的 Local DS 服务地址。

⑥Client 查询 EPC 对象的 EPCIS 服务地址。Client 根据得到的 Local DS 服务地址，向其查询包含该 EPC 对象的 EPCIS 服务地址，获得 EPCIS 服务地址列表。同时，根据 Local DS 系统数据中该 EPC 对象的虚拟头指针域和虚拟尾指针域数据，查询并向 Client 返回与该 EPC 对象关联的所有 EPC 对象及其 Local DS 服务地址，Client 接收到新的 EPC 对象及其 Local DS 服务地址后依据缓存信息和搜索规则进行新 EPC 对象的 Local DS 服务地址查询，循环次数与用户查询需要、EPC 对象的虚拟头指针域和虚拟尾指针域数据有关。

⑦Client 向 EPCIS 查询 EPC 对象事件数据。Client 根据各 Local DS 返回的 EPCIS 服务地址列表和相关附加信息，向感兴趣的 EPCIS 服务器查询事件详细信息。

4.4.3.2 牛肉产品供应链中 EPC 对象事件的查询

对牛肉产品供应链中 EPC 对象事件的查询可能发生在供应链上任何一个环节，如养殖、加工、配送、销售等环节，用户查询 EPC 对象数据范围的情况分为4种：本环节内、本环节的若干上游环节、本环节的若干下游环节、供应链的所有环节。Client 端的 EPC 中间件根据用户需求情况进行 EPC 对象事件查询，为用户返回查询结果。以图4.8表示的牛肉产品供应链流程场景和图4.9表示的 EPC 编码间关系为例，以流程中加工装箱事件的 EPC 编码 J（图4.9中）作为初始查询码由用户通过 Client 发起查询，以下介绍号码 J 的所有正向关联 EPC 对象事件及 J 的所有逆向关联 EPC 对象事件的查询过程。

（1）J 的所有正向关联 EPC 对象事件查询

依据图11中 EPC 对象事件查询步骤⑤，Client 向 Local ONS 进行查询并收到管理 J 物品类别的 Local DS 服务地址，J 的所有正向关联 EPC 对象事件查询过程如图4.12所示。

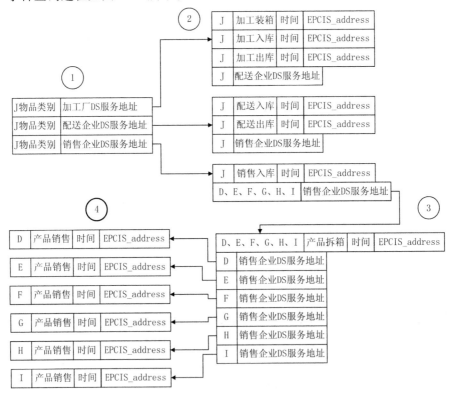

图4.12　J 的正向关联 EPC 对象事件查询

①用户 Client 端的 EPC 中间件收到 Local ONS 返回的管理 J 物品类别的加工厂、配送企业、销售企业 3 个 Local DS 服务地址。

②EPC 中间件分别向 3 个 Local DS 服务地址查询 J 的 ds-index 数据，获得加工厂的 3 个 EPCIS 事件和 J 的虚拟尾指针域中的 J 及其配送企业 DS 服务地址、配送企业的 2 个 EPCIS 事件和 J 的虚拟尾指针域中的 J 及其销售企业 DS 服务地址，以及销售企业的一个 EPCIS 事件和 J 的虚拟尾指针域中的 D、E、F、G、H、I 及其销售企业 DS 服务地址。

③依据 EPC 中间件数据查询缓存机制过滤掉已经处理的数据查询：J 的配送企业 DS 服务地址、J 的销售企业 DS 服务地址，向销售企业 DS 服务地址查询 D、E、F、G、H、I 的 ds-index 数据，获得一个产品拆箱事件数据和 D、E、F、G、H、I 的虚拟尾指针域中的 6 个 EPC 码及其销售企业 DS 服务地址。

④EPC 中间件向销售企业 DS 服务地址查询 D、E、F、G、H、I 的 ds-index 数据，获取 D、E、F、G、H、I 的产品销售事件数据。

⑤EPC 中间件将获取的所有事件数据按时间和 EPC 码排序，返回用户 Client 显示。

（2）J 的所有逆向关联 EPC 对象事件查询

与正向关联 EPC 对象事件查询类似，J 的所有逆向关联 EPC 对象事件查询过程如图 4.13 所示。

①用户 Client 端的 EPC 中间件收到 Local ONS 返回的管理 J 物品类别的加工厂、配送企业、销售企业 3 个 Local DS 服务地址。

②EPC 中间件分别向 3 个 Local DS 服务地址查询 J 的 ds-index 数据，获得加工厂 3 个 EPCIS 事件和 J 的虚拟头指针域中的 D、E、F 及其加工厂 DS 服务地址，G、H、I 及其加工厂 DS 服务地址、配送企业的两个 EPCIS 事件和 J 的虚拟头指针域中的 J 及其加工厂 DS 服务地址，以及销售企业的一个 EPCIS 事件和 J 的虚拟头指针域中的 J 及其配送企业 DS 服务地址。

③依据 EPC 中间件数据查询缓存机制过滤掉已经处理的数据查询：J 的配送企业 DS 服务地址、J 的加工厂 DS 服务地址，向加工厂 DS 服务地址查询 D、E、F 和 G、H、I 的 ds-index 数据，获得 D、E、F 的分割包装事件数据和虚拟头指针域中的 B 及其加工厂 DS 服务地址，以及 G、H、I 的分割包装事件数据和虚拟头指针域中的 C 及其加工厂 DS 服务地址。

④EPC 中间件分别向加工厂 DS 服务地址查询 B、C 的 ds-index 数据，获取 B、C 的胴体加工、排酸处理事件数据，以及 B、C 的虚拟头指针域

中的 A 及其加工厂 DS 服务地址。

⑤EPC 中间件向加工厂 DS 服务地址查询 A 的 ds-index 数据，获取 A 的入厂检测事件数据，以及 A 的虚拟头指针域中的 A 及其养殖场 DS 服务地址。

⑥EPC 中间件向养殖场 DS 服务地址查询 A 的 ds-index 数据，获取 A 的养殖入栏、疾病免疫、饲料饲养、疾病治疗、养殖出栏事件数据。

⑦EPC 中间件以加工装箱事件时间为最迟时间，将获取的早于最迟时间的所有事件数据按时间和 EPC 码排序，返回用户 Client 显示。

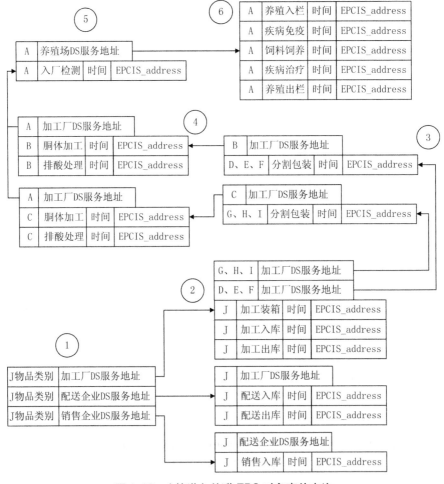

图 4.13　J 的逆向关联 EPC 对象事件查询

EPC 对象的正向或逆向关联 EPC 对象事件查询采用了广度优先查询机制，同样可以采用深度优先查询机制，查询过程中需要依据数据查询缓存机制过滤掉已经处理过的查询。

4.5 结束语

基于 RFID 和 EPC 网络的牛肉产品供应链质量信息共享平台，基于 EPCglobal 技术规范，采用 Microsoft SQL Server 2012 作为企业管理系统和 EPCIS 的数据库服务器，Tomcat、JBoss 分别作为 Web 应用服务器、应用服务器，采用 BIND（Berkeley Internet Name Daemon）作为 ONS 开发的基础。本书设计了牛肉产品供应链 EPCIS 事件、EPC 数据的采集、存储结构和查询，可实现牛肉产品供应链中养殖场、加工厂、配送企业、销售企业所有节点信息的共享，为牛肉产品及其他食品质量信息共享系统模型与软件的开发提供参考。

第5章 食品供应链中企业 HACCP
信息的管理与共享研究

5.1 引言

危害分析及关键控制点（Hazard Analysis and Critical Control Point，HACCP）是一种食品质量控制方法，它通过对原料、关键生产工序及影响产品安全的因素进行分析，确定加工过程中的关键环节，建立、完善监控程序和标准，并对问题予以规范纠正，从而实现食品安全控制[84]。HACCP体系兼具性能标准和过程标准特性，是被国际社会公认的一种系统性强、结构严谨且效益显著的预防性食品安全控制体系。

学者对HACCP体系的研究包括技术层面、体系本身的规划建设，以及从企业角度出发，利用成本收益理论分析在市场经济条件下实施HACCP体系给企业带来的成本和收益；利用管理学中理性决策思路和组织行为学中个体和群体行为模式，研究食品企业在经营过程中采纳HACCP体系的行为动机等问题。目前，研究集中在企业实施HACCP体系的成本收益、行为动机、影响因素及实施技术规划等方面，对企业HACCP体系实施信息与运行信息的外部共享与利用关注很少。企业HACCP体系实施信息可以作为食品供应链中同类企业的实施参考，有助于同行业企业间横向协作；企业HACCP体系运行的数据共享使得加工过程中食品质量状况更加透明，为纵向合作伙伴及消费者提供了更多的食品质量保证，本书从信息共享视角探讨企业HACCP体系实施与运行信息的共享模式与技术。

5.2 HACCP体系在企业食品质量控制中的应用

HACCP体系已经在世界各国得到了广泛应用和发展，我国自20世纪90年代初引进HACCP体系以来，其应用发展迅速，我国政府的食品监管部门一直致力于HACCP体系的推广。国家鼓励从事生产加工出口食品的企业建立并实施HACCP体系，2009年6月1日起实施的《食品安全法》

鼓励食品生产企业实施 HACCP 体系。本研究选择一个普通农业乡镇——河南省滑县留固镇某肉鸡养殖场作为实践对象，结合养殖场技术人员缺乏、饲养过程不规范、肉鸡发病率高、管理落后等状况，参考由 WHO 专家组制定的"小型或不发达企业实施 HACCP 系统的策略及原则"，合理修改应用现行 HACCP 体系并在该养殖场实施，目的在于实现规范养殖、管理，有效改变肉鸡饲养的卫生状况，生产出满足质量标准的安全肉鸡。主要工作包括：制订 HACCP 前提计划，包括良好生产规范和卫生标准操作程序；组成 HACCP 小组建立、保持和评价 HACCP 体系。

5.2.1　制订 HACCP 前提计划

HACCP 体系的实施和有效运行必须以良好生产规范（Good Manufacturing Practice，GMP）和卫生标准操作程序（Sanitation Standard Operation Procedure，SSOP）为基础和前提。

5.2.1.1　制定良好生产规范（GMP）

良好生产规范是一种保障产品质量和安全的管理体系，其目的是确保食品生产、加工、包装和贮藏、运输和销售过程中，有关人员、建筑、设施和设备等要素均能符合良好生产条件。针对肉鸡饲养活动，我国制定的《畜牧法》《动物防疫法》《种畜禽管理条例》《兽药管理条例》《饲料和饲料添加剂管理条例》等法律、法规和标准为肉鸡饲养企业制定本企业的良好生产规范提供指导。一个肉鸡饲养良好生产规范参考实例如表 5.1 所示。

表 5.1　肉鸡饲养的良好生产规范

序号	生产事项	应遵守的生产规范
1	产地环境	GB 3095—1996：环境空气质量标准 GB/T 18407.3：无公害畜禽肉产地环境要求
2	鸡舍布局	NY/T388—1999：畜禽场环境质量标准
3	苗鸡	GB 19549—1996：畜禽产地检疫规范
4	水	NY 5027—2001：畜禽饮用水水质
5	饲料	NY 5037—2001：无公害食品—肉鸡饲养饲料使用准则
6	兽药	NY 5035—2001：无公害食品—肉鸡饲养兽药使用准则
7	饲养	NY/T 5038—2001：无公害食品—肉鸡饲养管理准则
8	防疫	NY 5036—2001：无公害食品—肉鸡饲养兽医防疫准则
9	粪便污染物处理	GB 18596—2001：畜禽养殖业污染物排放标准
10	病害肉尸处理	GB 16548—1996：畜禽病害肉尸及其无害化处理规程

5.2.1.2 制定卫生标准操作程序（SSOP）

SSOP 是食品企业为了达到良好生产规范的要求，确保加工过程中消除不良因素，使其加工的食品符合卫生要求而制定的指导性文件，指导生产过程中实施清洗、消毒和卫生保持。如果实施 SSOP 对加工环境、过程中各种污染进行有效控制，那么 HACCP 体系就可以集中控制工艺流程中的食品危害。依据所研究的养殖场的实际情况，制定企业 SSOP 的项目及其内容要点如表5.2 所示。

表5.2 肉鸡饲养的卫生标准操作程序

序号	项目	项目内容要点
1	选址与布局	养鸡场选址、养鸡场布局、鸡舍设计
2	水	水质控制、饮水管理
3	饲料	饲料采购、饲料运输、饲料存放
4	兽药（含疫苗）	兽药购买、贮存要求、兽药使用
5	苗鸡选择和运输	苗鸡选择、苗鸡运输
6	接雏鸡前的准备	人员准备、鸡舍环境准备、饲料和疫苗投入物准备
7	育雏管理	鸡舍环境、饲喂管理
8	育成期管理	鸡舍环境、饲养管理
9	免疫管理	免疫实施、免疫程序制定
10	废弃物处理	死淘鸡只处理、鸡粪处理、污水处理
11	动物控制	鼠类动物控制、野禽控制、昆虫控制
12	肉鸡出栏	产地检疫、捕捉与运输、鸡出栏后清洗消毒、空舍

5.2.2 制订 HACCP 计划

肉鸡饲养 HACCP 计划制订过程中需成立由养殖场场长作为组长的 HACCP 小组，组长负责成员协调、把握 HACCP 计划进程，小组成员由技术员、经销商兽医、骨干饲养员、乡镇畜牧站兽医、外聘专家组成。小组中所有人员必须接受 HACCP 培训，培训 HACCP、SSOP 原理及应用，以确保 HACCP 计划的建立与有效运行[85]。小组主要活动包括如下方面。

①详细描述商品肉鸡，确定商品肉鸡销售地点、目标人群；
②绘制肉鸡养殖过程流程图，现场核查、修改、确认流程图；
③进行危害分析，建立预防措施；
④确定关键控制点（CCP），确定关键限值；

⑤建立关键控制点的监控程序；

⑥建立纠偏措施；

⑦建立验证程序；

⑧建立文件和记录管理程序；

⑨进行HACCP计划相关的调查、研究与培训工作。

5.2.2.1 产品描述和预期用途

研究的817肉鸡品种是以种公鸡、AA+、罗斯308、克宝、哈伯德等作为父本，海兰褐、罗曼、海赛克斯作为母本，经杂交选育而成。由于817肉鸡成鸡体型适中、肉质适宜，广泛供应各大城市居民及广大农村食用，需求量特别大。817肉鸡描述如表5.3所示。

表5.3 商品肉鸡描述

产品名称	肉鸡
品种	817
饲养方式	厚垫料平养
出栏日龄	50天
重量	2~3千克
销售方式	批发给屠宰厂或者按"公司加农户"合同执行
预期用途	为屠宰厂提供健康无疫病、药物残留不超标的待宰鸡
贮存、运输方式	常温笼装、车载、消毒

5.2.2.2 产品生产工艺流程

肉鸡养殖流程用于描述从空舍期的清洗和消毒到出栏、运输的整个过程，以及相关辅助生产步骤[86,87]。图5.1标示了养殖场肉鸡的主要饲养活动，实际的饲养过程包括许多阶段，经历时间较长，比该图要复杂。

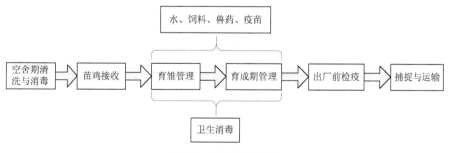

图5.1 肉鸡养殖流程

①空舍期清洗与消毒，肉鸡前期阶段抵抗力差，很容易受到周围环境中致病菌和病毒的攻击，在进雏鸡前必须对鸡舍和周边环境进行彻底清洗、消毒，清除可能存在的传染源。

②苗鸡的接收，一是苗鸡选择，雏鸡质量好坏直接关系到饲养户的经济效益，一定要从标准化、规范化，具有一定规模且技术设备先进的非疫区孵化场购入雏鸡；二是苗鸡运输，要用保温和通风系统保持良好的运输雏鸡的专用车，装载四壁有通风孔的专用雏鸡盒来运输苗鸡，运输前后车辆和通往生产区的过道都需要进行严格的消毒，进入生产区后尽快卸下苗鸡，同时为了防止途中感染疫病，运输时应避开养禽场、屠宰场、禽类等交易市场。

③水、饲料、兽药和疫苗准备，有利于苗鸡的生长，不至于引起不必要的损失。同时进行规范的环境卫生消毒，这个过程贯穿于肉鸡养殖中的育雏管理和育成期管理两个时期。

④雏鸡养育工作，包含育雏管理和育成期管理。

⑤出厂前检疫，在出厂前要向当地动物防疫监督机构提出报检的申请，肉鸡检疫合格才能出厂。同时还应办理《检疫证明》《车辆消毒证明》等证明，检疫中不合格的肉鸡，动物防疫管理部门严禁其出场，同时会做出让其做无害化处理或延后出栏的决定。

⑥捕捉与运输，肉鸡拥有出场资格后，需要将正常的肉鸡捕捉并运输给商家。

5.2.2.3 危害分析和关键控制点的确定

危害分析和关键控制点的确定，如表5.4所示。

表5.4 危害分析工作单

1	2	3	4	5	6
加工步骤	潜在安全危害	是否显著危害	对第3栏的判断依据	防止显著危害的控制措施	是否是CCP
空舍期清洗与消毒	生物危害				
	化学危害	是	消毒药物残留影响肉鸡生长	按照肉鸡生产SSOP防疫卫生管理标准实施	否
	物理危害				

续表

1	2	3	4	5	6
加工步骤	潜在安全危害	是否显著危害	对第3栏的判断依据	防止显著危害的控制措施	是否是CCP
苗鸡接收	生物危害	是	种鸡携带垂直传染免疫抑制病；种蛋内外源病原体污染；孵化污染，雏鸡质量低劣，母源抗体高低不均	评估苗鸡来源，父母代鸡场、孵化场必须通过评审；父母代鸡场承诺无垂直传染免疫抑制病；孵化场出具种蛋消毒、验收、保存及孵化等防疫记录；对种鸡场及孵化场采样，由质量认证检验部门出具验证报告	是CCP1
	化学危害				
	物理危害				
育雏、育成期管理	生物危害	是	感染鸡群引起发病	由SSOP饲养管理标准控制	否
	化学危害				
	物理危害				
水	生物危害	是	粪便、垫料造成病原体污染	按肉鸡生产SSOP中防疫卫生管理标准实施	否
	化学危害	是	饮水消毒不当造成	按肉鸡生产SSOP中防疫卫生管理标准实施	否
	物理危害				
饲料	生物危害	是	病原体污染	从获得质量认证的饲料厂采购饲料，使用专用车运输	否
	化学危害	是	饲料中含有违禁药品、激素，或添加剂超标	饲料加工厂承诺不使用违禁药物、采购无农药残留及污染原料；对饲料抽样验证，由饲料主管部门出具验证报告	是CCP2
	物理危害		饲料中断针、金属碎片、塑料等造成鸡体损伤	对饲料抽样验证，由饲料监管部门出具验证报告	否

续表

1	2	3	4	5	6
加工步骤	潜在安全危害	是否显著危害	对第3栏的判断依据	防止显著危害的控制措施	是否是CCP
兽药	生物危害				
	化学危害	是	药物添加不均，使用违禁药物，休药期过短等	统一采购经检测合格的药品，要有批准文号，进口药物需有进口药物许可证号；设立现场用药记录，按肉鸡生产SSOP中药物使用标准实施	是CCP3
	物理危害				
疫苗	生物危害	是	病原体污染产品	按疫苗管理标准实施	否
	化学危害				
	物理危害				
环境卫生消毒	生物危害	是	消毒效果差，环境监测指标异常，鸡群发病率高	按肉鸡生产SSOP中防疫卫生管理标准实施	否
	化学危害	是	消毒不当造成药物残留	按SSOP中防疫卫生管理标准实施，选用高效消毒药	否
	物理危害				
出厂前产地检疫	生物危害	是	出栏鸡有可能携带病毒、病原菌	按肉鸡生产SSOP中出栏检疫管理标准实施	否
	化学危害	是	生长过程中用药不当导致药物残留	按肉鸡生产SSOP中出栏检疫管理标准实施	否
	物理危害				
捕捉与运输	生物危害				
	化学危害				
	物理危害	是	捕捉动作不当引起肉鸡损伤	按肉鸡生产SSOP中捕捉与运输管理标准实施	否

5.2.2.4 确定关键控制点的关键限值及监控、纠偏、验证程序

肉鸡生产HACCP计划，如表5.5所示。

表 5.5 肉鸡生产 HACCP 计划

1	2	3	监控				8	9	10
关键控制CCP	显著危害	关键限值CL	4 对象	5 方法	6 频率	7 人员	纠正措施	验证	记录
苗鸡接收 CCP-1	生物的致病菌和病毒	1. 从实施良好质量控制程序的孵化场购买苗鸡；2. 苗鸡无免疫抑制疾病的监测报告；3. 母源抗体水平均匀	孵化场官方评审报告、免疫、孵化场饲养、检疫记录	检查	每批	兽医	无官方评审报告，拒收	1. 每批苗鸡进场都要审核监控与纠偏记录，进行现场验证；2. 每周采样进行沙门氏菌、新城疫检测	监控记录、纠偏记录、验证记录、抗体检测报告
				检查	每批	兽医	无记录、记录不符合、疫苗记录不符合，拒收		
			孵化场抽样检验报告	检查	每批	兽医	无抽样检验报告，拒收		
			苗鸡	采血检测抗体	每批苗鸡抽取 0.1%	兽医	抽检母源抗体水平不符合，拒收、淘汰质量差的苗鸡		
饲料 CCP-2	化学的药物残留	饲料中的添加剂符合条例	饲料主管部门出具的检验报告	检查	每批	兽医	拒绝购买无饲料检验报告、添加剂超标的饲料	抽样检验添加剂含量	监控记录、纠偏记录、验证记录
兽药 CCP-3	化学的药物残留	1. 不得使用违禁药品；2. 严格遵守用药剂量	药物购买记录、药品的批准文号、生产日期、保质期、进口药品许可证号	检查	每批鸡使用药物前	兽医	无记录的、禁用药品、购买无批准文号、生产日期、说明书、进口药品无许可证号的、禁用	1. 用药时现场验证；2. 出栏前随机抽样检查药物残留	监控记录、纠偏记录、验证记录
			药品使用剂量记录	检查	每批鸡使用药物前	兽医	延长鸡的出栏日期，或对已经使用药的鸡只做无害化处理		

5.3 企业 HACCP 体系实施与运行信息管理系统设计

企业 HACCP 体系的实施与运行将产生大量的文件、记录，实现资料电子化管理的信息系统得到了实业和学术界的重视。目前，市场上有 HACCP Documentation Software、HACCP NOW、doHACCP、Skill HACCP Pro 等国外 HACCP 信息管理系统，国内研究应用的 HACCP 信息系统有上海交通大学数字农业实验室开发的出口蔬菜安全生产智能决策支持系统、国家农业信息工程技术研究中心开发的 easyHACCP、南京农业大学基于 HEAT HACCP 的二次系统开发等[88]。这些软件可以实现 HACCP 文档的电子化管理，能够辅助进行危害分析、定义关键控制点，以图形化方式建立工艺流程，在企业 HACCP 体系实施与运行中起到重要的支持作用[89]。同时，存在系统功能不完善、适应性差、智能控制能力不足等问题。本研究根据企业 HACCP 体系实施与运行的业务、数据需求分析，基于关键控制点的判断逻辑，设计完成企业 HACCP 信息管理系统，提出系统实现的关键技术。

5.3.1 业务流程分析与验证

HACCP 体系实施与运行工作步骤多、逻辑关系复杂，对该领域业务及流程关系的分析是构建企业 HACCP 信息管理系统的前提。基于企业 HACCP 体系实施与运行的实践研究，认为 HACCP 计划工作、产品工艺设计、关键控制点判断、HACCP 体系实施是该业务的主要工作，对这 4 项工作及其逻辑进行分析，并且使用有色 Petri 网对业务逻辑进行验证。Petri 网由于直观的图形表现能力和严密的数学基础，能够对具有并发、同步和冲突等特征的系统建模[90]。利用 Petri 网的各种拓展形式，有助于定性地理解被建模系统的动态行为，还可以定量计算各种性能指标，为系统结构设计和参数选择提供依据。CPN Tools 是一个集编辑、模拟和分析于一体的有色 Petri 网工具，提供了分层建模、时间颜色集表示及自动分析工具，可以对现实系统进行精确的仿真分析[91]。本书使用 CPN Tools（4.0.0 版本）进行业务流程仿真。

5.3.1.1 HACCP 计划工作流程

（1）流程分析

HACCP 质量管理项目实施需要成立由公司主管作为组长的 HACCP 小

组，组长协调成员、把握项目进程，小组需要完成的工作及这些工作的先后顺序如下所示。

①产品描述。根据产品的特点、外形、作用等对产品进行描述。

②绘制产品工艺流程图。通过现场检查，确认产品工艺流程图。

③危害分析并建立预防措施。危害指产品生产过程中任何可能导致对人类和动物安全构成威胁的生物、化学或物理因素，预防措施是指用于消除潜在物理、化学和生物因素可能造成的产品安全危害的措施。实践中征询专家及行业管理人员进行危害分析并且建立一定的预防措施，对各个环节可能产生的所有危害进行分析、评估，确定显著危害，列出各环节相关联的危害和用于控制危害的措施。

④确定关键控制点。关键控制点是产品工艺活动中可以实施控制以防止、消除产品中安全危害或使危害降低到可以接受水平的活动，通常采用关键控制点判断树来识别。

⑤确定关键控制点的关键限值。关键限值是操作人员实际生产操作以降低偏离关键限值风险的参数值，可以咨询专家及查阅相关文献资料来确定。

⑥建立关键控制点的监控程序。监控程序是按照计划进行的观察或检测，以评定某一生产过程、控制点或程序是否处于控制中。同时，提供精确的记录供验证，监控时根据关键控制点的特性选择监控方法和监控频率。

⑦建立关键控制点的纠偏措施。纠偏措施是当监控结果显示关键控制点偏离设定的关键限值时所采取的措施。

⑧建立关键控制点的验证程序。除监控方法外，用来确定体系是否按计划运作或计划是否需要修改及再被确认生效所使用的方法、程序或检测及审核手段，在验证时需根据事先设计好的验证程序进行记录。

⑨建立文件和记录管理程序。记录内容主要有 HACCP 计划和用于制订计划的支持文件，包括关键控制点的监控记录、纠偏记录、验证记录等关键信息。

⑩制订并实施 HACCP 计划。HACCP 计划是基于 HACCP 原理编制的文件，该文件描述应遵守的程序来确保某一特定加工或程序控制。

（2）流程验证

根据 HACCP 计划工作流程中活动分析，活动③和活动④联系密切，建模时将这两项活动合并，活动⑤至活动⑩都属于 CCP 计划的组成部分，也将它们合并成 CCP 计划。经过两次合并后，工作流程中的 10 项活动合并成了 4 项，每项活动都有开始、处理和文档保存的过程，完成一项活动后进入下一项活动。基于该思路建立的 HACCP 计划工作的有色 Petri 网模型如图 5.2 所示，使用 CPNTools 的 Simulation 仿真功能对该流程模拟运行后的结果如图 5.3 所示，由此可以看出，4 项活动按次序进行，最后制定了这 4 项活动的计划文档。

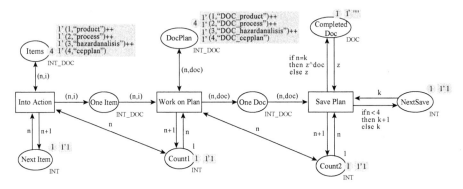

图 5.2　HACCP 计划工作有色 Petri 网模型

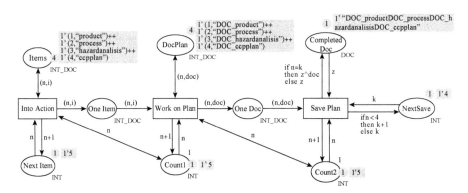

图 5.3　HACCP 计划工作流程仿真结果

Simulation 仿真功能运行模型后的状态空间报告如下。

Statistics

State Space

　　Nodes：16

　　Arcs：18

　　Secs：0

Status：Full

Scc Graph

    Nodes：16

    Arcs：18

    Secs：0

Boundedness Properties

Best Integer Bounds

	Upper	Lower
New _ Page'Completed _ Doc1 1	1	1
New _ Page'Count1 1	1	1
New _ Page'Count2 1	1	1
New _ Page'DocPlan 1	4	4
New _ Pagc'Items 1	4	4
New _ Page'NextItem 1	1	1
New _ Page'NextSave 1	1	1
New _ Page'One _ Doc 1	1	0
New _ Page'One _ Item 1	1	0

Home Properties

Home Markings

    [16]

Liveness Properties

Dead Markings

    [16]

Dead Transition Instances

    None

Live Transition Instances

    None

Fairness Properties

No infinite occurrence sequences.

①有界性分析。在状态报告中，Boundedness Properties 表示有界性，即一个库所的令牌数目是否有上限。Best Integer Bounds 显示，流程仿真过程中有两个库所的最大令牌数目（Upper）为 4，7 个库所的最大令牌数目为 1，说明该模型是有界的。

②活性分析。Liveness Properties 表示活性，用来验证模型是否有冗余的变迁。Dead Transition Instances 显示为 None，表示流程仿真中，所有变迁都被遍历，没有不起作用的变迁。Dead Markings 的标记为［16］，从 Home Markings［16］，这是起始点，不影响公平性。当仿真结束后，所有的变迁处于停止状态。因此，Live Transition Instances 为 None。以上说明该模型是活的。

③公平性分析。Fairness Properties 表示公平性，用来说明模型是否会陷入无限的循环。No infinite occurrence sequences 表示该模型没有陷入无限循环，说明该模型是公平的。

综合分析，HACCP 计划工作中的关联活动可以适当合并。例如，CCP 相关活动紧密关联又较复杂，可以将它们合并成 CCP 计划，在实际制订计划时能减少人员协调工作量。

5.3.1.2　产品工艺流程

不同产品的工艺流程不同，这里以图 5.1 表示的肉鸡养殖流程为例，该流程主要包括空舍期清洗与消毒、苗鸡接收、育雏管理、育成期管理、出厂前检疫、捕捉与运输 6 项活动。每批次肉鸡要经历从鸡苗到饲养完成的过程，也就是从进入鸡舍到离开鸡舍的过程。假设每次肉鸡进入后所有鸡舍都一次占用完、肉鸡出厂后一次清空，那么鸡舍的状态有干净并且空、雏鸡占用、小鸡占用、成鸡占用、空 5 种状态，4 种状态的鸡舍分别由清洗消毒、苗鸡接收、育雏管理、育成期管理、出厂前检疫 5 项活动所产生，将 5 种状态分别作为 Petri 网中库所，将 5 项活动作为变迁，建立了肉鸡养殖的有色 Petri 网模型如图 5.4 所示。图 5.4 中模拟了 6 个批次的肉鸡，依次经历肉鸡养殖的各项活动，出厂检疫后，合格的肉鸡销售给客户，不合格的肉鸡依据防疫规定处理，模型仿真后的结果如图 5.5 所示，可以看到两个批次的肉鸡已销售，4 个批次的肉鸡需要处理。

CPN Tools 的 Simulation 仿真功能运行模型后的状态空间报告如下。

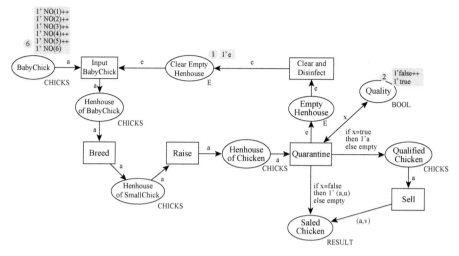

图 5.4　肉鸡养殖有色 Petri 网

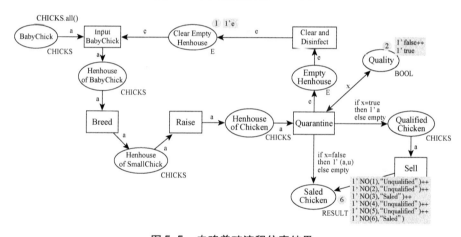

图 5.5　肉鸡养殖流程仿真结果

Statistics

State Space

　　Nodes：26623

　　Arcs：70143

　　Secs：59

　　Status：Full

Scc Graph

　　Nodes：26623

· 113 ·

Arcs：70143

Secs：1

Boundedness Properties

‑‑

Best Integer Bounds

Upper   Lower

New _ Page'BabyChick 1   6   0

New _ Page'Clear _ Empty _ Henhouse 1   1   0

New _ Page'Empty _ Henhouse 11   0

New _ Page'Henhouse _ of _ BabyChick 11   0

New _ Page'Henhouse _ of _ Chicken 11   0

New _ Page'Henhouse _ of _ SmallChick 11   0

New _ Page'Qualified _ Chicken 16   0

New _ Page'Quality 1   2   2

New _ Page'Saled _ Chicken 16   0

Home Properties

‑‑

Home Markings

None

Liveness Properties

‑‑

Dead Markings

64 [26623，26620，26618，26615，26612，⋯]

Dead Transition Instances

None

Live Transition Instances

None

Fairness Properties

‑‑

No infinite occurrence sequences.

①有界性分析。Boundedness Properties 表示有界性，Best Integer Bounds 显示，流程仿真过程中有 9 个库所的最大令牌数目有 6、1、2 三个值，说

明该模型是有界的。

②活性分析。Liveness Properties 表示活性，用来验证模型是否有冗余的变迁。Dead Transition Instances 显示为 None，表示流程中没有冗余的变迁。Dead Markings 的标记为 64 ［26623，26620，26618，26615，26612，…］，显示当仿真次数较多时，存在令牌停止的情况，解决方法是继续增加仿真次数或优化流程，不影响公平性。当仿真结束后，所有的变迁处于停止状态，Live Transition Instances 为 None，说明该模型是活的。

③公平性分析。Fairness Properties 表示公平性，用来说明模型是否会陷入无限的循环。No infinite occurrence sequences 表示该模型没有陷入无限循环，说明该模型是公平的。

综合分析，肉鸡养殖流程中饲料、兽药、饮水、疫苗等要素发生在哺育、饲养两个环节，可以添加一个库存，将这些要素放在该库所，称为哺育、饲养这两个变迁的令牌。这种设计在后续分析活动使用要素数量时是有用的，进行一般业务流程验证时不会影响业务完整度，肉鸡生产流程的设计是合理的。

5.3.1.3　关键控制点判断流程

（1）流程分析

依据工艺流程图，对每一个步骤进行生物的、化学的、物理的危害分析，并判定存在的危害是否显著。显著危害仅指食品中能导致人体伤害或损伤的污染和情况，那些食品中出现的杂质（如昆虫、头发、污物等）、品质缺陷、对人体不产生危害的食品腐败变质一般不属于显著危害。对于每个环节的显著危害，分析其是否存在预防措施，并采用判断树来判定某项工艺是否是关键控制点（Critical Control Point，CCP），CCP 判断树如图5.6 所示。

（2）流程验证

CCP 判断树的关键是对 5 个问题中的一个或多个问题进行布尔逻辑判断，产品流程中的某项工艺会经历一个或多个问题的判断，最后得出该工艺是或者不是 CCP。基于有色 Petri 网的 CCP 判断树模型如图 5.7 所示，该模型中模拟了 8 个工艺步骤，每项工艺在经历的每个问题处做随机判断，模型中设置两个具有 T 和 F 的令牌的库所，颜色集类型为布尔颜色集，最后可以得到每项工艺的判断结果，该模型的仿真结果如图 5.8 所示。

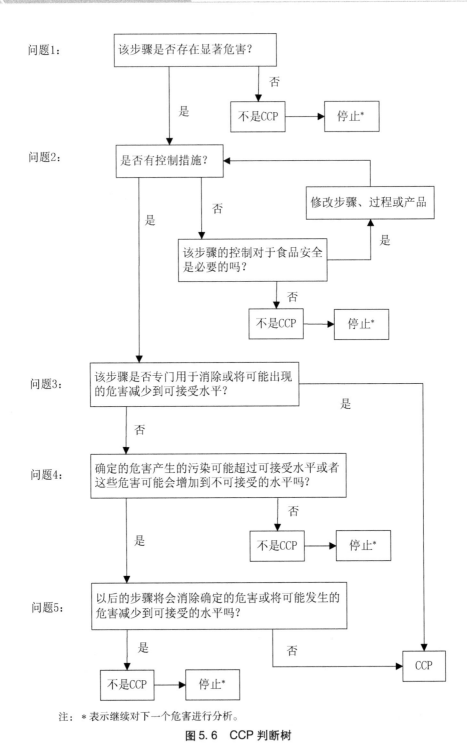

注：＊表示继续对下一个危害进行分析。

图5.6　CCP判断树

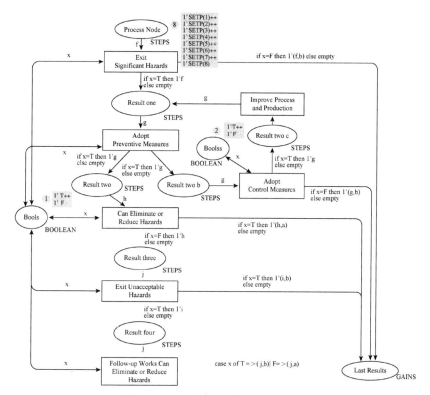

图5.7 CCP 判断树的有色 Petri 网

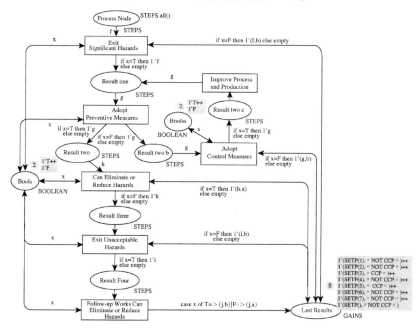

图5.8 CCP 判断树的仿真结果

CPN Tools 的 Simulation 仿真功能运行模型后的状态空间报告如下。

Statistics

···

State Space

Nodes：28393

Arcs：105038

Secs：300

Status：Partial

Scc Graph

Nodes：27684

Arcs：103950

Secs：2

Boundedness Properties

···

Best Integer Bounds

	Upper	Lower
Top'Bools 1	2	2
Top'Boolss 1	2	2
Top'Last _ Results 1	6	0
Top'Process _ Node 1	8	2
Top'Result _ four 1	1	0
Top'Result _ one 1	6	0
Top'Result _ three 1	2	0
Top'Result _ two 1	3	0
Top'Result _ two _ b 1	3	0
Top'Result _ two _ c 1	2	0

Home Properties

···

Home Markings

None

Liveness Properties

···

Dead Markings

20402〔9999，9998，9997，9996，9995，…〕

Dead Transition Instances

　　None

Live Transition Instances

　　None

Fairness Properties

Impartial Transition Instances

　　Top'Adopt _ Control _ Measures 1

　　Top'Adopt _ Preventive _ Measures 1

　　Top'Improve _ Process _ and _ Production 1

Fair Transition Instances

　　Top'Exit _ Unacceptable _ Hazards 1

　　Top'Follow 1

Just Transition Instances

　　None

Transition Instances with No Fairness

　　Top'Can _ Eliminate _ or _ Reduce _ Hazards 1

　　Top'Exit _ Significant _ Hazards 1

①有界性分析。Best Integer Bounds 显示，10 个库所中最大令牌数目为 8，说明该模型是有界的。

②活性分析。Dead Transition Instances 显示为 None，表示流程中没有冗余的变迁。Dead Markings 的标记为 20402〔9999，9998，9997，9996，9995，…〕，显示当仿真次数较多时，存在令牌停止情况，解决方法是继续增加仿真次数或优化流程，不影响公平性。当仿真结束后，所有的变迁处于停止状态，Live Transition Instances 为 None，说明该模型是活的。

③公平性分析。Fairness Properties 表示公平性，Transition Instances with No Fairness 表示不公平的变迁实例，这样的变迁有两个，这是因为该模型中存在循环，是否需要循环我们采用布尔逻辑判断，在实际仿真中可能存在缺陷，需要进一步改进。

5.3.1.4　HACCP 体系运行流程

（1）流程分析

为保证 HACCP 体系的正常运行，利用工作流技术分析产品加工过程中各关键控制点的监控、纠偏和验证活动。对于每批次产品，各关键控制点按工艺流程图中顺序流转，直到最后一个关键控制点结束，HACCP 体系运行流程如图 5.9 所示。

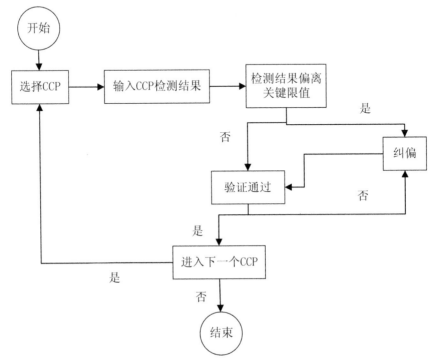

图 5.9　HACCP 体系运行流程

（2）流程验证

HACCP 体系运行流程中，如果 CCP 的监控对象的检测结果值偏离了关键限值，需要进行纠偏，纠偏后进行验证，验证未通过时需要继续纠偏，这是个多次循环的过程。建立该业务流程的 Petri 网时，检测结果值是否偏离关键限值，采用布尔逻辑随机判断，建立的 HACCP 体系运行流程的有色 Petri 网如图 5.10 所示。图 5.10 模拟了 5 个 CCP，为简化模拟过程，每个 CCP 也同时表示其检测结果值，经过进入检测、偏差比较、纠偏（部分 CCP 经历）、验证 4 个变迁，最后得到验证后数据，使用 Simulation 仿真功能运行模型后结果如图 5.11 所示，可以看到 5 个 CCP 的数据都得到了验证。

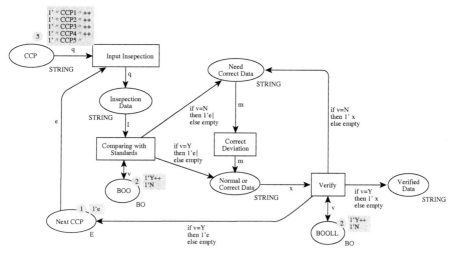

图 5.10　HACCP 体系运行流程有色 Petri 网

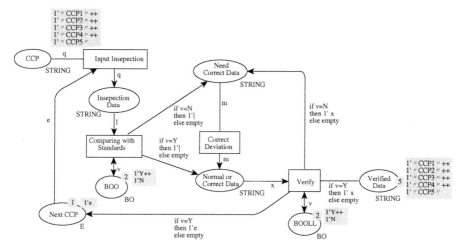

图 5.11　HACCP 体系运行流程仿真结果

CPN Tools 的 Simulation 仿真功能运行模型后的状态空间报告如下。

Statistics

State Space

　　Nodes：272

　　Arcs：480

　　Secs：0

　　Status：Full

Scc Graph

Nodes：192

Arcs：320

Secs：0

Boundedness Properties

Best Integer Bounds

	Upper	Lower
Top'BOO 1	2	2
Top'BOOLL 1	2	2
Top'CCP 1	5	0
Top'Insepection _ Data 1	1	0
Top'Need _ Correct _ Data 1	1	0
Top'Next _ CCP 1	1	0
Top'Normal _ or _ Correct _ Data 1	1	0
Top'Verified _ Data 1	5	0

Home Properties

Home Markings

[272]

Liveness Properties

Dead Markings

[272]

Dead Transition Instances

None

Live Transition Instances

None

Fairness Properties

Impartial Transition Instances

Top'Correct _ Deviation 1

Top'Verify 1

Fair Transition Instances

　　Top'Comparing _ with _ Standards 1

　　Top'Input _ Insepection 1

Just Transition Instances

　　None

Transition Instances with No Fairness

　　None

①有界性分析。Best Integer Bounds 显示，流程仿真过程库所的最大令牌数目为5，没有无限多的情况，说明该模型是有界的。

②活性分析。Dead Transition Instances 显示为 None，表示流程仿真中，没有不起作用的变迁。Dead Markings 的标记为［272］，从 Home Markings［272］，这是起始点，不影响公平性。当仿真结束后，所有的变迁处于停止状态。因此，Live Transition Instances 为 None。说明该模型是活的。

③公平性分析。Transition Instances with No Fairness 表示是否存在不公平的变迁实例，结果显示为 None，说明该模型是公平的。

综合分析，HACCP 体系实施流程是合理的，可以作为 HACCP 质量控制系统开发的参考。

5.3.2　系统功能与数据模型设计

5.3.2.1　功能设计

HACCP 信息管理系统的目标是辅助食品企业实施 HACCP 管理体系，有效管理体系计划文件、运行记录与报表，提供便捷的数据查询，从而提高食品安全质量管理的效率和效益。要求系统能够管理 HACCP 体系实施前提条件状况及其日常检测数据，对食品生产过程可能的生物、化学、物理因素进行危害分析，针对显著危害建立关键控制点，制定并有效执行相应控制措施，提供预警信息和生产过程产品质量报表[92]。本系统设计原则包括如下。

①完备性。HACCP 计划制订和执行是 HACCP 体系的核心，HACCP 体系顺利实施的前提是 GMP 和 SSOP，其运行过程链接供应链上下游环节。因此，系统模块设计包括常见计划模块之外的标准程序、卫生记录，以及关键供应商、客户信息。

②适应性。不同企业、不同产品 HACCP 计划各异，同一产品 HACCP

计划可能发生变化，导致关键控制点监控对象不同，要求系统能够灵活定义记录种类、记录的数据对象和数据对象特征，自动或半自动生成用户交互界面。

③合理性。产品 HACCP 计划包含多个关键控制点，每个关键控制点有其监控、纠偏、验证和记录保持环节，一个关键控制点的各环节处理完成后进入下一个关键控制点。每个关键控制点的多个监控对象与其纠偏、验证措施又有复杂关系。因此，根据活动关系设计出合理的活动控制逻辑是系统成功的关键。

根据食品企业 HACCP 体系实施和运行的业务分析与目标定位，主要包括 4 项功能。

①HACCP 前提计划管理。HACCP 前提计划中 GMP 是为保障食品质量安全而制定的食品生产全过程技术规范；SSOP 是食品企业为保障食品卫生质量，在食品加工过程中应遵守的卫生操作规范。前提计划管理实现食品生产加工工艺、厂房卫生设施、生产设备保养、原辅料安全控制、回收程序、人员卫生等计划的制订与运行记录。

②HACCP 计划制订。支持企业 HACCP 小组绘制、编辑产品工艺流程图，记录流程图各环节的生物、化学、物理危害及预防措施，基于 CCP 判断树定义的关键控制点及其关键限值，制定关键控制点的监控方法、纠偏措施、验证程序及记录保持程序。

③HACCP 计划执行。依据各监控对象的监控方法记录其运行数据，比对关键限值后判断偏差以产生报警信息，记录纠偏情况及常规验证数据，保证 HACCP 体系规范运行[93]。

④基础数据管理。实现人员、供应商、客户、自定义记录、权限管理功能，为系统提供基础支持。

5.3.2.2 数据模型设计

（1）业务实体及其关系分析

对 HACCP 系统功能输入、输出数据的存储结构进行设计是 HACCP 信息管理系统开发的关键。依据数据模型抽象程度可分为概念模型、逻辑模型和物理模型 3 个层次，相对于逻辑模型的数据规范化工作和物理模型的数据物理定义，概念模型设计是一个调查和建立数据间联系的基础过程。采用实体—关系数据模型（Entity-Relation Data Model，ER）作为 HACCP 管理系统概念模型方案，完成从现实 HACCP 体系实施、运行中事物及其联系到其信息世界的抽象[94]。

实体是对现实业务中事物或抽象概念的表示，食品 HACCP 体系管理复杂，涉及事物及过程众多，根据事物及过程的重要性不同，分为关键事物及过程和支持型事物及过程两类。关键事物及过程包括产品、原辅料、产品工艺、危害分析、关键控制点定义、关键限值定义、监控、纠偏、验证等；支持型事物及过程则包括生产技术规范、各类 SSOP 计划、计划运行控制，以及人员、供应商、客户、采购、销售等。ER 数据模型建立过程首先需要根据现实中的事物及过程抽象出实体，HACCP 管理系统实体也包括关键型实体和支持型实体两大类，其主实体为产品，产品主实体与关键控制点等多个关键型实体存在紧密联系。

HACCP 体系管理系统重点处理产品生产过程中关键控制点的监控、纠偏和验证事务，以产品为主实体，关键控制点、监控记录、纠偏记录、验证记录共同构成 HACCP 信息系统的主档案，原辅料、产品批次、产品工艺、危害分析、关键限值、监控对象、监控方法、纠偏措施、验证措施等作为一般档案数据。产品编号、关键控制点编号、监控记录编号、纠偏记录编号、验证记录编号共同作为关键属性，对产品生产过程质量追溯时，以产品的批次号为主键，找到某批次产品的质量控制记录[95]。作为 HACCP 体系运行前提的各种技术文件、操作程序、检测记录，以及体系运行时产生的供应链记录，与关键型实体的联系较弱，能够使用产品批次号等主键来建立关联。

（2）规范化数据模型构建

HACCP 管理体系运行会产生大量的计划、运行记录数据，不同食品企业、同一企业不同时间的计划和运行记录内容不同。因此，预先完全定义数据模型中的实体及其联系将限制软件系统的通用性。该系统数据模型设计时，项目组将所有实体分为相对稳定实体和用户自定义实体两个部分。企业的生产技术规范、各种 SSOP 计划、HACCP 计划、供应链业务所含实体相对稳定，将这些实体及其关系预先完全定义；前提方案运行记录、HACCP 运行记录的记录类别和所含属性在 HACCP 计划制订之前难以准确定义、HACCP 体系运行时会发生变化，这些实体及其关系由食品企业用户在系统使用时通过用户输入接口自定义完成，保证了该系统的适应性。因此，在数据模型设计阶段主要对相对稳定实体及其关系进行设计，HACCP 管理系统全局模型中 HACCP 计划所含实体及其关系如图 5.12 所示。该模型参考关系数据库范式，数据冗余度小，保证了数据一致性，同时，用户自定义数据表时不影响现有数据关系。

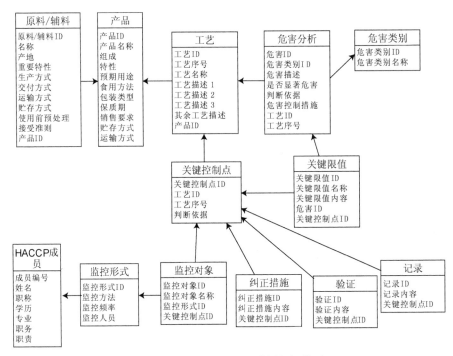

图 5.12 企业 HACCP 计划数据模型

5.3.3 关键实现技术

本系统采用 Client/Server（C/S）结构，选用 SQL SERVER 2008 作为数据库软件，适用于企业局域网环境，数据集中存储、系统响应速度快、运行安全性好，方便各个部门的数据需求。系统实现了 HACCP 前提计划管理、HACCP 计划制订、HACCP 计划执行、生产档案管理、基础数据管理模块，基本满足中小型食品企业 HACCP 体系实施与日常管理需求，用户自定义记录数据、基于关键控制点状态表的 HACCP 体系运行流程控制是系统两项关键实现技术。

（1）记录数据的用户自定义功能

HACCP 管理系统开发阶段难以预先设定不同食品生产企业前提方案运行记录、HACCP 运行记录的名称与记录属性，这些易变实体可以通过系统基础数据管理的用户自定义模块由企业用户根据企业计划灵活定义。需要保存的前提方案运行记录在数据库的前提方案文件表中定义，HACCP 运行记录在数据库的记录表中定义。用户需要创建一个记录实体时，通过记录自定义窗口，首先选择前提方案记录类别或者 HACCP 记录类别，对应地选择从数据库前提方案文件表或者记录表中读取的记录名称，作为新创建的记录实体名称。新记录实体的属性名称、数据类型、字段长度特征可以通过记录自定义窗口设计，也可以按需求对窗口上读取的现有数据库的一张或多张表的字段进行选择，两种方式也可同时运用。例如，在创建肉鸡宰后检验情况表这个新记录实体时，通过记录自定义窗口添加了肉鸡宰后检验记录编号、检验日期、产品编号、产品批号、检验人、复核人6个属性，同时使用了监控对象表中胴体污染字段定义。选择数据库用户自定义记录表，在记录操作窗体使用 dataGridView 显示、编辑用户自定义记录数据，实现了数据操作界面的自动生成，不需要对系统程序进行修改。

（2）HACCP 体系运行流程的控制

HACCP 体系运行是执行 HACCP 计划的过程，一种食品生产过程经常存在多个有逻辑次序的关键控制点，每个关键控制点都具有监控、纠偏、验证活动并产生相应的3类记录。当一个关键控制点的监控对象的运行值与计划关键限值存在偏差时，需要执行监控对象相应的纠偏措施，再进行验证直至符合限值或者废弃产品，所有活动完成后，将进入下一个关键控制点活动，直到最后一个关键控制点的活动完成。

为保证 HACCP 体系正常运行，该系统利用工作流管理技术将食品生产过程中各关键控制点的监控、纠偏和验证等传统人工活动转化为计算机处理功能[96]。每种食品的多个关键控制点基于逻辑关系构成一个工作流程，关键控制点作为工作流程的生产执行单元，每个关键控制点又是一个包含监控、纠偏、验证活动的子流程。在系统设计时，使用关键控制点状态表控制关键控制点之间的迁移，该表由关键控制点 ID、关键控制点名称、状态、工艺 ID、工艺序号、产品 ID、产品批次 ID 字段组成；其中状态值有未开始、监控、纠偏、验证、已完成5个选项，工艺序号值用于控制当前关键控制点活动完成后需要开始的下一个关键控制点，产品批次 ID 提供按产品批次号查询当前食品生产关键控制点运行状态的功能。食品生产总体流程控制与关键控制点子流程控制逻辑相分离，子流程控制逻辑不受用户自定义记录数量的影响，兼顾整体严谨与局部灵活需求。

HACCP 体系计划与运行的大量复杂数据产生了对计算机自动化管理需求，抽象 HACCP 体系计划与运行记录之间关系建立数据模型是管理复杂数据的基础，该数据模型实现过程中解决了用户记录自定义和流程控制技术问题，可作为食品安全 HACCP 管理信息系统构建的参考。系统能够有效提高企业的食品质量水平和质量管理效率，降低 HACCP 体系的实施与运行成本，对于中小型企业实施 HACCP 信息管理具有重要参考价值。

5.4 食品供应链中企业 HACCP 信息共享模式与技术

实施 HACCP 体系的食品企业需要制订包括 GMP 和 SSOP 的前提计划，依据 HACCP 计划的活动顺序制订企业相应产品的 HACCP 详细计划，以进行严格的食品质量控制；在 HACCP 体系运行过程中，将产生大量的关键控制数据。目前，这些类型的数据受到企业的控制，多数资料仅仅在企业内部使用；同时，食品供应链中同类型企业独立实施自己的 HACCP 计划。为加强食品供应链中同类型企业在 HACCP 体系实施方面的横向协作、提高食品企业产品质量的透明度，本研究探讨食品企业 HACCP 信息的共享问题，以发掘企业 HACCP 信息的价值，增进食品行业的安全和质量。

5.4.1 食品企业 HACCP 信息及其共享模式

5.4.1.1 企业 HACCP 信息分析

企业实施 HACCP 体系的工作包括计划、实施、调整，这些活动中产生的信息主要 3 类：HACCP 前提计划、HACCP 计划和 HACCP 运行数据。HACCP 前提计划和 HACCP 计划信息是食品企业实施 HACCP 体系的指导文件，HACCP 运行数据是基于 HACCP 计划的日常作业数据。

（1）HACCP 前提计划信息

HACCP 前提计划中的良好生产规范（GMP）提供了企业产品生产或加工的作业规范。例如，肉鸡养殖的产地环境选择规范、鸡舍布局规范及关于苗鸡、水、饲料、兽药、饲养、防疫的规范，为作业人员作业提供基础要求以保证食品安全；HACCP 前提计划中的卫生标准操作程序（SSOP）有详细的环境卫生、人员卫生、原料卫生、动物卫生、作业程序卫生的说明，制定并执行科学的卫生标准操作程序也是保证食品安全的基础。

（2）HACCP 计划信息

HACCP 计划制订的专业性强、需要企业内部及外部的协作，产品工艺分析、危害分析和产生计划是关键活动，输出的关键信息是工艺流程图、危害分析工作单和 HACCP 计划表。危害分析针对工艺流程图中的每个工艺过程进行物理的、化学的、生物的危害分析，并判断分析出的危害是否是显著危害，列出判断的依据，对于显著危害提出控制措施；危害分析基础上，采用专业人员经验判断和 CCP 判断树相结合的方法识别各关键控制点，这些活动数据构成危害分析工作单的主要内容。然后，确定每个关键控制点的关键限值，制定监控措施、纠偏措施、验证措施及需要保存的数据记录，这些内容是 HACCP 计划表的关键内容。

（3）HACCP 运行数据

食品企业在产品生产或加工过程中实施 HACCP 质量控制体系，重点是对关键控制点的运行状态进行监控、纠偏和验证，只包含了产品生产或者加工数据中的一部分数据，即重要数据。这些数据多数存储在企业信息系统中，当实际监控数据超出关键限值时，需要企业工作人员进行纠偏并记录纠偏数据，设置的关键控制点运行验证人员需要按计划周期性地检查日常监控数据、纠偏数据，并填写保存验证记录。这些数据反映企业的生产或加工过程是否有质量保证，也是食品质量问题原因调查和责任追溯的依据。

5.4.1.2　HACCP 信息的共享价值

（1）HACCP 计划信息的共享价值

食品企业实施 HACCP 体系的流程、方式和工作步骤具有共性特征，生产或者加工同类产品的食品企业之间的交流有助于科学制订本企业的HACCP 计划及计划的成功实施。HACCP 前提计划信息和计划信息是食品企业实施 HACCP 体系的核心指导资料，在不影响企业商业机密的基础上，一个行业中同类食品企业可以在设置权限范围内共享自己的计划信息，供实施 HACCP 体系的同行企业参考，供未实施 HACCP 体系的同行企业作为未来实施参考，也可以作为食品行业生产不同类别产品的企业实施 HAC-CP 体系时的参考。食品监管部门可以分析这些计划信息，制订各子行业HACCP 前提计划和 HACCP 计划框架，服务于该子行业的所有企业；统计同类产品的食品企业的 HACCP 计划中的显著危害、关键控制点、关键控制点的关键限值，可以显示一个时期某种产品的主要危害来源、关键控制点优先级、关键限值指标，这些数据也是食品监管的重点内容。

（2）HACCP 运行数据的共享价值

HACCP 计划中的关键控制点关系到食品质量是否合格，关键控制点的监控、纠偏、验证数据是食品生产过程质量的具体信号。由于食品企业设置的标准不同，监控对象的实际检测值偏离企业设置的关键限值，但这些数据未必偏离国家标准和行业标准，可能导致较低质量但仍是合格的食品，不属于不合格食品，食品企业不需要将这些数据公开于众。传统上，这些数据属于企业私有数据，仅在企业范围之内使用，仅仅当发生食品安全问题时，食品监管部门可能查阅这些生产过程数据，或者其他一些有特定目的、经企业授权的外部数据查询。随着社会公众对食品质量透明度要求的提高、更有效解决食品安全问题及监管部门能够有效监督监管食品生产过程的需要，食品企业 HACCP 运行数据的公开与共享是提高食品质量、保证食品安全的有益途径，也有助于形成食品行业大数据以进行深度数据分析。

从食品供应链角度，食品企业 HACCP 运行数据的共享，有助于下游合作企业了解原料的内在质量；有助于提高最终食品的质量，为公众提供食品企业各批次食品生产质量的准确数据；有助于消费者进行食品选择和购买。从社会食品安全角度，政府监管机构可以监督食品企业生产过程，判断一个行业食品生产质量状态，以便有针对性地监管和指导；社会组织或消费者可以对食品企业生产过程进行监督，判断食品企业是否承担食品安全的社会责任。

5.4.1.3　食品企业 HACCP 信息的共享模式

食品供应链中企业各类 HACCP 信息对同类型食品企业、合作伙伴、监管部门和消费者有不同的使用价值，这取决于企业 HACCP 信息的外部共享。本书提出的食品供应链中企业 HACCP 信息的共享模式如图 5.13 所示，包括用户层、业务层、技术层和信息源层 4 个层次。

食品企业是 HACCP 信息的来源，各食品企业除了将自己的 HACCP 信息保存在企业信息系统供企业内部使用之外，需要构建企业 EPC 系统以供外部共享。技术层提供 HACCP 信息共享的信息技术平台，包括各食品企业 EPC 系统及公共查询平台。公共查询平台由食品质量监管部门或者食品行业协会负责建设和维护，仅存储与食品企业 EPC 系统数据查询有关的公共数据，为社会公众和组织提供信息查询接口。食品企业 EPC 系统由各食品企业负责管理和维护，是 HACCP 信息共享的关键基础设施。

在食品企业 EPC 系统中，EPCIS（EPC 信息服务）服务器通过网络采集、管理、存储和共享 EPCIS 事件数据，为企业间事件信息的捕获与

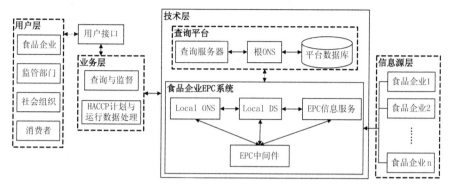

图 5.13　食品企业 HACCP 信息的共享模式

查询提供接口；DS 服务器采集、管理、存储和共享 EPCIS 事件中的 EPC 编码和 EPCIS 服务地址；ONS 服务器采集、管理、存储和共享 EPC 中管理者和对象类别码及其 DS 服务地址；公共查询平台的根 ONS 服务器采集、管理、存储和共享 EPC 中管理者和对象类别码及其 Local ONS 服务地址。

业务层反映企业 HACCP 信息的实际应用，主要有数据查询、社会监督、监管及数据分析等功能。HACCP 信息共享平台的用户主要有食品企业、监管部门、社会组织和消费者。

食品企业可以从该平台获取其他食品企业的 HACCP 计划信息和计划运行数据，作为企业实施 HACCP 体系的参考；通过分析其他食品企业的计划运行数据选择合作伙伴，或者获取合作伙伴的食品生产质量数据以辅助企业经营决策。

政府监管部门可以获取食品企业已经实施的不同类别产品的 HACCP 前提计划和计划信息，制订不同类别产品实施 HACCP 体系的计划框架，为缺乏专业知识和技术的食品企业提供参考；分析各食品企业的同类型产品的 HACCP 计划信息，获得产品生产中的显著危害、关键控制点信息，有助于整个食品行业的风险预测和风险防范；及时获得食品企业关键控制点的运行数据，可以动态监控食品企业生产过程，与食品企业共同保证食品生产过程质量，而非仅仅进行定期检查或者对最终产品的抽检；对众多食品企业的海量 HACCP 运行数据的深度分析，可以发现各类别食品生产过程中容易产生危害的因素、原因，有针对性地提出解决方案，从而提高整个行业的食品质量水平。

食品企业 HACCP 信息的共享提高了食品生产或加工过程的透明度，

改善了食品企业和社会公众的信息不对称状况，使得社会组织和消费者获取到真实的食品质量信息，判断食品质量水平以做出消费决策。

5.4.2 基于 EPC 网络的食品企业 HACCP 共享信息存储设计

EPC 网络是由 EPCglobal 组织提出，由 EPC 的编码体系、射频识别系统和网络信息系统 3 个部分组成。它提出了物品编码和信息技术标准，可实现物品自动即时识别及供应链信息共享。食品行业具有典型的供应链特征，食品企业与合作伙伴、同行企业及监管部门之间的信息共享是食品供应链的一种常态。目前食品供应链中食品企业之间共享的信息主要是交易和物流信息，这里采用 EPC 网络构建食品行业 HACCP 信息共享平台有助于与食品链业务信息集成，避免重复建设，最终实现集成化的信息查询。

食品企业 HACCP 共享信息的存储设计的内容包括 EPCIS 事件定义与数据存储、DS 数据存储、ONS 数据存储及根 ONS 数据存储，其中 EPCIS 事件定义与数据存储设计、DS 数据存储设计是平台实现 HACCP 信息共享的关键。

5.4.2.1 EPCIS 事件定义与数据存储设计

（1）肉鸡饲养企业 HACCP 计划和实施的 EPCIS 事件

食品企业 HACCP 共享信息包括各个类别产品的前提计划信息、计划信息及各个类别产品中各批次产品在每个关键控制点上的监控、纠偏和验证信息，使用到的产品单元有产品类别、产品批次，不涉及对象之间的物理聚合、对象类型的数量统计及交易活动。因此，HACCP 信息共享业务只有对象事件一种类型。食品企业在 HACCP 前提计划制订、HACCP 计划制订、HACCP 计划运行阶段，将活动信息采集到企业信息系统，企业管理系统产生 EPCIS 事件数据，传输到企业 EPCIS 服务器。以肉鸡饲养企业 HACCP 计划和实施活动为例，结合 EPCglobal 组织提出的 EPCIS 规范，抽象出 11 种 EPCIS 事件及其信息，如表 5.6 所示。

表 5.6　肉鸡饲养企业 HACCP 计划和实施的 EPCIS 事件

阶段	编号	事件名称	事件类型	单元	标识	事件信息
计划	1	前提计划制订	Object	817 品种肉鸡	EPC 编码	GMP、SSOP 信息
	2	HACCP 计划制订	Object	817 品种肉鸡	EPC 编码	产品描述、工艺流程、危害分析工作单、HACCP 计划表

续表

阶段	编号	事件名称	事件类型	单元	标识	事件信息
执行	3	苗鸡接收监控	Object	肉鸡批次	EPC 编码	对孵化场苗鸡饲养、免疫、检疫、抽样检验、官方评审记录的检查信息，苗鸡抗体检验信息
	4	苗鸡接收纠偏	Object	肉鸡批次	EPC 编码	苗鸡拒收信息
	5	苗鸡接收验证	Object	肉鸡批次	EPC 编码	监控与纠偏的验证信息，沙门氏菌、新城疫检测信息
	6	饲料监控	Object	肉鸡批次	EPC 编码	饲料检验报告的检查信息
	7	饲料纠偏	Object	肉鸡批次	EPC 编码	问题饲料拒收或处理信息
	8	饲料验证	Object	肉鸡批次	EPC 编码	饲料添加剂抽样检验信息
	9	兽药监控	Object	肉鸡批次	EPC 编码	药品购买记录、药品的检查信息，药品使用剂量检查信息
	10	兽药纠偏	Object	肉鸡批次	EPC 编码	药品禁用信息，对药品残留鸡的处理信息
	11	兽药验证	Object	肉鸡批次	EPC 编码	用药验证信息，出栏前药物残留检查信息

①制订前提计划时，工作人员为 817 品种肉鸡分配一个 EPC 编码，将 817 品种肉鸡的 EPC 编码及 GMP、SSOP 信息输入到企业信息系统。这些数据以 EPCIS 事件形式上传到肉鸡养殖企业 EPCIS 服务器，事件类型选择 ObjectEvent，action 元素值为 ADD，bizStep 元素值设为"前提计划制订"标识，查询单元为肉鸡品种。

②制订 HACCP 计划时，工作人员将 817 品种肉鸡的产品描述、工艺流程、危害分析工作单、HACCP 计划表信息输入到企业信息系统。这些数据以 EPCIS 事件形式上传到肉鸡养殖企业的 EPCIS 服务器，事件类型选择 ObjectEvent，action 元素值为 OBSERVE，bizStep 元素值设为"HACCP

计划制订"标识。

③苗鸡接收的监控活动中，需要为将入栏的肉鸡分配一个 EPC 形式的批次号，并将 EPC 编码信息在数据库中初始化，查询单元为肉鸡批次。工作人员将当前批次肉鸡的接收信息，包括对孵化场苗鸡饲养、免疫、检疫、抽样检验、官方评审记录的检查信息和苗鸡抗体检验信息输入到企业信息系统。这些数据以 EPCIS 事件形式上传到肉鸡养殖企业 EPCIS 服务器，事件类型为 ObjectEvent，action 元素值为 ADD，bizStep 元素值设为"苗鸡接收监控"标识。

④苗鸡接收纠偏活动中，工作人员将当前批次肉鸡接收活动中出现异常的纠偏信息，即苗鸡拒收信息输入到企业信息系统。这些数据以 EPCIS 事件形式上传到肉鸡养殖企业 EPCIS 服务器。事件类型为 ObjectEvent，action 元素值为 OBSERVE，bizStep 元素值设为"苗鸡接收纠偏"标识。

⑤苗鸡接收验证活动中，工作人员对当前批次肉鸡接收监控、纠偏活动进行验证，将对监控与纠偏的验证信息，以及沙门氏菌、新城疫检测信息输入到企业信息系统。这些数据以 EPCIS 事件形式上传到肉鸡养殖企业 EPCIS 服务器，事件类型为 ObjectEvent，action 元素值为 OBSERVE，bizStep 元素值设为"苗鸡接收验证"标识。

⑥饲料监控活动中，工作人员将对当前批次肉鸡使用饲料的检验报告的检查信息输入到企业信息系统。这些数据以 EPCIS 事件形式上传到肉鸡养殖企业 EPCIS 服务器，事件类型为 ObjectEvent，action 元素值为 OBSERVE，bizStep 元素值设为"饲料监控"标识。

⑦饲料纠偏活动中，工作人员将当前批次肉鸡可能使用的问题饲料的拒收或处理信息输入到企业信息系统。这些数据以 EPCIS 事件形式上传到肉鸡养殖企业 EPCIS 服务器，事件类型为 ObjectEvent，action 元素值为 OBSERVE，bizStep 元素值设为"饲料纠偏"标识。

⑧饲料验证活动中，工作人员抽样检验当前批次肉鸡使用饲料的添加剂含量，将饲料添加剂抽样检验信息输入到企业信息系统。这些数据以 EPCIS 事件形式上传到肉鸡养殖企业 EPCIS 服务器，事件类型为 Object-Event，action 元素值为 OBSERVE，bizStep 元素值设为"饲料验证"标识。

⑨兽药监控活动中，工作人员将对当前批次肉鸡使用的兽药的购买记录、兽药和兽药使用剂量的检查信息输入到企业信息系统。这些数据以 EPCIS 事件形式上传到肉鸡养殖企业 EPCIS 服务器，事件类型为 Object-Event，action 元素值为 OBSERVE，bizStep 元素值设为"兽药监控"标识。

⑩兽药纠偏活动中，工作人员将当前批次肉鸡可能使用的兽药的禁用信息或对药品残留鸡的处理信息输入到企业信息系统。这些数据以 EPCIS 事件形式上传到肉鸡养殖企业 EPCIS 服务器，事件类型为 ObjectEvent，action 元素值为 OBSERVE，bizStep 元素值为"兽药纠偏"。

⑪兽药验证活动中，工作人员将当前批次肉鸡用药的验证信息和肉鸡出栏前药物残留检查信息输入到企业信息系统。这些数据以 EPCIS 事件形式上传到肉鸡养殖企业 EPCIS 服务器，事件类型为 ObjectEvent，action 元素值为 OBSERVE，bizStep 元素值为"兽药验证"。

（2）EPCIS 事件的数据存储设计

事件数据在进行业务处理的过程中产生，通过 EPCIS 捕获接口来捕获，并且可以利用 EPCIS 查询接口进行查询。EPCIS 规范定义了标准 XML 格式的对象事件，包含的数据项有：时间、动作、EPC 列表、业务步骤、业务地点、采集点、状态、事件处理。EPCIS 事件数据可以使用关系数据库存储，其中，对象事件表（表 5.7）包括对象事件的 ID 与基本信息，EPC 列表、业务步骤、业务地点、采集点、状态、事件处理字段的详细数据以独立表存储，对象事件 EPC 表如表 5.8 所示。对象事件中 EPC 列表表示该对象事件的子 EPC 码的集合，一个对象事件的 EPC 码可以对应多个子 EPC 码。例如，一个产品批次包含多个产品单元，产品批次号为 EPC 码，各产品单元的 EPC 码为子 EPC 码。对象事件的事件处理信息存储于业务处理表中，一个对象事件没有或者有多种业务处理信息，相应地可以有多种业务处理表。

表 5.7　对象事件

字段代号	字段名称	数据类型	长度	外键	为空
id	ID（主键）	bigint	8		N
eventTime	发生时间	timestamp	4		N
recordTime	记录时间	timestamp	4		N
action	动作	varchar	20		Y
EPCList	EPC 列表	bigint	8	Y	N
bizStep	业务步骤	int	4	Y	N
bizLocation	业务地点	int	4	Y	N
readPoint	采集点	int	4	Y	N
disposition	状态	int	4	Y	Y
transaction	事件处理	bigint	8	Y	Y

表 5.8　对象事件 EPC

字段代号	字段名称	数据类型	长度	外键	为空
event_id	事件 ID	bigint	8	Y	N
epc	EPC 码	bigint	8		N
idx	索引	int	4		N

5.4.2.2　DS 数据存储设计

　　DS 服务器提供了查找对象到其资源列表的映射关系，管理 EPCIS 系统中的 EPC 编码和其 EPCIS 服务地址信息，实现对物品单品级别的信息发现。食品企业 HACCP 信息共享的 EPCIS 事件只有对象事件，DS 服务器仅存储 EPC 码及其对应事件的 EPCIS 服务地址即可，为提高数据查询效率，设计了节点索引数据结构 ds-index 存储 EPC 码及其事件信息，如图 5.14 所示。数据发现系统接收到 EPCIS 发布的数据，把它转换成 ds-index 结构存储，主要包括数据域和事件域两个部分。

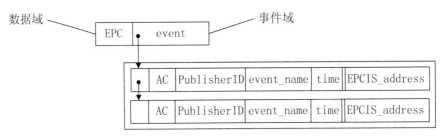

图 5.14　节点索引数据结构

　　当 EPCIS 系统向 DS 系统发布一个新的记录时，如果 DS 系统的当前记录中不存在该 EPC，则初始化一个空 ds-index 结构并赋值给数据域，同时把事件信息添加到事件域中；如果存在该 EPC，将新的事件信息添加在该 EPC 的 ds-index 结构的事件域中。

　　有权限的 EPCIS 需调用 DS 系统的数据发布接口以发布数据，该接口是面向事件的，EPCIS 发布的事件 DS 数据包括 EPC、事件名称、发生时间和 EPCIS 服务地址。DS 数据发布接口创建一个 ds-index 结构，接收到的 EPC 填入数据域；根据 EPCIS 的 PublisherID、注册权限自动填写事件域的 AC 和 PublisherID 数据项，根据收到的事件数据填写 event_name、time 和 EPCIS_address 数据项。

5.4.3 食品供应链中企业 HACCP 信息共享的应用

5.4.3.1 食品企业 HACCP 共享信息采集过程

（1）共享信息采集流程

食品企业 HACCP 共享信息的采集需要包括企业信息系统、EPC 中间件、Local ONS、根 ONS、Local DS、EPCIS 服务器等在内的技术平台的支持，关键活动是获取与新事件数据 EPC 关联的 EPCIS 信息，然后发布或更新 EPC 对象数据，信息采集流程如图 5.15 所示。食品企业 HACCP 共享信息的采集步骤如下。

①食品企业信息系统保存 HACCP 计划或者运行数据。

②EPC 中间件的数据捕获接口获取事件数据，需要查询在企业 EPCIS 服务器中是否已有新事件数据包含 EPC 对象的事件数据。

③EPC 中间件向 Local ONS 系统请求 EPC 对象的 Local DS 服务地址，Local ONS 系统查询并将 EPC 对象的 Local DS 服务地址返回给 EPC 中间件。

④EPC 中间件向 Local DS 系统请求 EPC 对象的 EPCIS 服务地址，Local DS 系统查询并将 EPC 对象的 EPCIS 服务地址返回给 EPC 中间件。

⑤EPC 中间件向 EPCIS 服务器请求 EPC 对象的 EPCIS 数据，EPCIS 服务器查询并将 EPCIS 数据返回给 EPC 中间件。

⑥EPC 中间件得到 EPCIS 数据查询结果，如果存在记录，企业用户可以看到 EPC 对象的已有 EPCIS 数据。

⑦EPC 中间件将新获取的事件数据发布到 EPCIS 服务器。

⑧EPCIS 服务器保存新事件数据，同时将新事件的 EPC 码、事件名称、发生时间和 EPCIS 服务地址发送给 Local DS 系统。

⑨Local DS 系统查询新事件的 EPC 码是否存在，如果存在，将新事件数据添加到该 EPC 对象 ds-index 的事件域中，转到步骤⑫，如果不存在，执行步骤⑩。

⑩Local DS 系统创建一个该 EPC 对象的 ds-index 结构，将接收到的新事件的 EPC 码、事件名称、发生时间、EPCIS 服务地址对应地添加到数据域和事件域。同时，Local DS 系统判断该 EPC 所属机构和对象类别码是否已经存储，如果为新的机构和对象类别码，则将该 EPC 码及其 DS 服务地址发送给企业的 Local ONS 系统。

⑪Local ONS 系统接收并保存该 EPC 码和 DS 服务地址信息，同时发

送该 EPC 码及其 Local ONS 服务地址通过根 ONS 注册接口注册到根 ONS 服务器。

⑫ 数据采集活动结束。

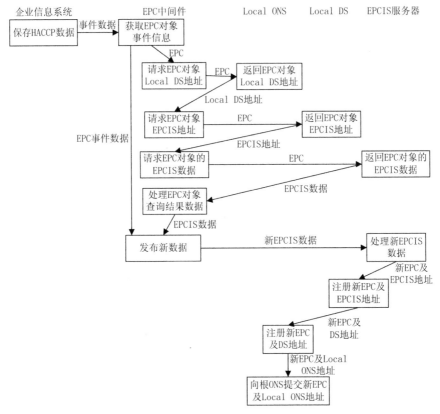

图 5.15　食品企业 HACCP 共享信息采集流程

（2）肉鸡饲养企业 HACCP 共享信息的采集

食品企业 HACCP 共享信息采集包括 EPCIS 事件数据采集、DS 数据采集、Local ONS 数据采集及根 ONS 数据采集。Local ONS、根 ONS 数据采集基于企业 DS 数据，有规范的采集保存方式，基于结构化存储和查询，根 ONS 系统和 Local ONS 系统提供不同范围、不同类型的寻址服务。

基于表 5.6 中肉鸡饲养企业 HACCP 计划和实施的 EPCIS 事件，当事件发生时，EPC 中间件的事件捕获接口将事件数据以标准 XML 方式传送到 EPCIS 系统，通过 EPCIS 事件发布接口将事件数据保存到事件数据库中。该实例中，所有事件均为对象事件，仅包括两种类型的 EPC 码：817

品种肉鸡的 EPC 码、肉鸡批次的 EPC 码，以兼容 EPC 网络的编码标准。计划阶段的前提计划制订事件、HACCP 计划制订事件依次发生；执行阶段的事件按关键控制点次序发生，事件存储时设置一个关键控制点编号字段标识每个事件所属的关键控制点，数据查询时先按关键控制点编号，然后按照事件发生时间显示，提高查询结果数据的可读性。

DS 数据采集就是 EPC 的 ds-index 数据的创建或更新，具体操作是记录事件信息，将 EPCIS 发布的数据转换成 ds-index 存储。肉鸡饲养企业的 DS 系统接收到 EPCIS 系统发送的 EPC 码、事件名称、发生时间和 EPCIS 服务地址数据后，将新事件数据添加到现有 EPC 对象的 ds-index 事件域，或者创建新 EPC 对象的 ds-index 结构，填写其数据域和事件域数据。同时，如果该 EPC 码为新的机构和对象类别码，DS 系统需将该 EPC 码及其 DS 服务地址发送给企业的 ONS 系统进行注册。图 5.16 表示与肉鸡饲养企业 HACCP 计划和实施 EPCIS 事件相关的 EPC 对象的 ds-index 数据采集过程，每个编码包含 3 个字段：EPC * 事件 * 发生时间，A * 前提计划制订，* T1 表示 EPC 为 A 在时间 T1 发生了事件"前提计划制订"。

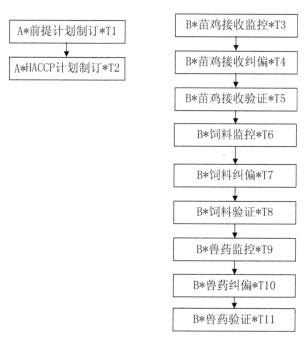

图 5.16 肉鸡饲养企业 EPC 对象的 ds-index 数据采集过程

1）计划阶段

制订前提计划时，工作人员为 817 品种肉鸡进行 EPC 编码，创建了

EPC 码为 A 的 817 品种肉鸡，肉鸡饲养企业 DS 系统接收到 EPCIS 系统传输的"前提计划制订"事件数据后，创建一条 EPC 为 A 的 ds-index 记录，将 A 填入数据域，在事件域添加该事件数据项。

制定 817 品种肉鸡的 HACCP 计划，编码 A 不变，只是在时间 T2 产生了新的事件——HACCP 计划制订，肉鸡饲养企业 DS 系统接收到 EPCIS 系统传输的"HACCP 计划制订"事件数据后，更新 A 的 ds-index 的事件域，添加一条新事件记录。

2）执行阶段

苗鸡接收时，工作人员为将入栏的该批次肉鸡分配一个 EPC 编码 B，创建了 EPC 编码为 B 的肉鸡批次，肉鸡饲养企业 DS 系统接收到 EPCIS 系统传输的"苗鸡接收监控"事件数据后，创建一条 EPC 编码为 B 的 ds-index 记录，将 B 填入数据域，在事件域添加该事件数据项。

对苗鸡接收纠偏时，编码 B 不变，只是在时间 T3 产生了新的事件——苗鸡接收纠偏，肉鸡饲养企业 DS 系统接收到 EPCIS 系统传输的"苗鸡接收纠偏"事件数据后，更新 B 的 ds-index 的事件域，添加一条新事件记录。

对于肉鸡批次 B，在不同时间点将发生苗鸡接收验证、饲料监控、饲料纠偏、饲料验证、兽药监控、兽药纠偏、兽药验证事件，与"苗鸡接收纠偏"事件数据的处理类似，肉鸡饲养企业 DS 系统收到 EPCIS 系统传输的各事件数据后，更新 B 的 ds-index 的事件域，添加每条新事件记录。如果肉鸡批次 B 发生了这 9 种事件，每种事件发生一次，那么 B 的 ds-index 的事件域中有 9 条记录指针。

5.4.3.2 食品企业 HACCP 共享信息的查询与分析

（1）共享信息查询流程

食品企业 HACCP 信息共享平台的用户通过客户端获取成员食品企业提供的 HACCP 前提计划、HACCP 计划及 HACCP 运行数据，监管部门、社会组织、消费者和未加入平台的食品企业通过公共查询平台的客户端获取 HACCP 共享信息，构建了私有 EPC 系统且已加入信息共享平台的食品企业可以通过自己的 EPC 系统客户端获取整个平台范围内的 HACCP 共享信息。构建了 EPC 系统的食品企业获取自己企业内部 HACCP 信息的过程与图 5.15 中 EPC 中间件"发布新数据"动作之前的流程相同，当食品企业需要获取其他食品企业的 HACCP 共享信息时，可通过界面录入方式、条码扫描设备或者 RFID 读取设备采集到 EPC 数据并传送到 Client 端，与公共查询平台和其他食品企业 EPC 系统交互查询所有共享的 EPC 对象事件数据，HACCP 共享信息查询过程如图 5.17 所示，食品企业 Client 查询平台 EPC 对象事件的步骤如下。

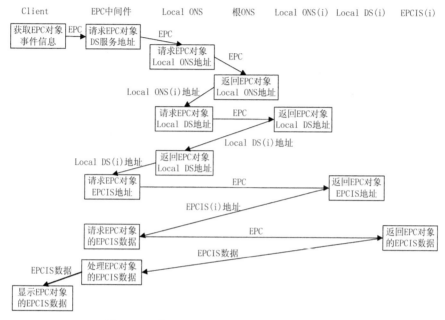

图 5.17　食品企业 HACCP 共享信息查询过程

①EPC 中间件从 Client 获取 EPC 编码，向 Local ONS 查找信息共享平台范围内维护该 EPC 所表示的机构和对象类别码的 Local DS 服务地址；

②Local ONS 向根 ONS 发送 EPC，请求维护该 EPC 所表示的机构和对象类别码的 Local ONS 服务地址；

③根 ONS 查询并返回管理此机构和对象类别码的 Local ONS（i）服务地址给 Local ONS；

④Local ONS 向 Local ONS（i）发送 EPC，请求维护该 EPC 所表示的机构和对象类别码的 Local DS 服务地址；

⑤Local ONS（i）查询并返回管理该 EPC 所表示的机构和对象类别码的 Local DS（i）服务地址给 Local ONS；

⑥Local ONS 向 EPC 中间件返回所请求 EPC 对象的 Local DS（i）服务地址；

⑦EPC 中间件向 Local DS（i）发送 EPC，请求 EPC 对象的 EPCIS 服务地址；

⑧Local DS（i）查询并返回该 EPC 对象的 EPCIS（i）服务地址给 EPC 中间件；

⑨EPC 中间件向 EPCIS（i）请求 EPC 对象的事件数据；

⑩EPCIS（i）查询并返回该 EPC 对象的事件数据给 EPC 中间件；

⑪EPC 中间件对 EPC 对象的所有事件数据排序并向 Client 返回所有事件数据；

⑫Client 显示 EPC 对象事件信息；

⑬信息查询结束。

如果用户使用公共查询平台而非企业的 EPC 系统查询信息，公共查询平台查询服务器中的 EPC 中间件承担了图 5.17 中 EPC 中间件和 Local ONS 所执行的功能，EPC 中间件直接与根 ONS 交互获取 Local ONS（i）服务地址和 Local DS（i）服务地址，EPC 中间件与其他组件的交互，以及其他组件之间的交互过程不变。

（2）肉鸡饲养企业 HACCP 共享信息的查询与分析

肉鸡饲养企业可以通过私有 EPC 系统查询本系统存储的 HACCP 共享信息，该肉鸡饲养企业之外的企业、政府、社会组织或消费者可以通过食品企业私有 EPC 系统或者公共查询平台获得该肉鸡饲养企业的 HACCP 共享信息。在客户端输入 EPC 编码 A，可以获得该肉鸡饲养企业 817 品种肉鸡的 HACCP 前提计划和 HACCP 计划信息；在客户端输入 EPC 编码 B，可以获得该肉鸡饲养企业 B 批次 817 品种肉鸡在 3 个关键控制点的监控、纠偏和验证数据。

食品企业可以参考其他食品企业的 HACCP 前提计划和计划信息，更好服务于企业 HACCP 体系的实施；了解同行企业同类型食品的生产过程控制状况，以改善企业生产过程提高食品质量；同时，分析上游食品企业的 HACCP 计划及其运行状况，进行采购决策或者选择优质合作伙伴。食品监管部门对照企业生产过程数据和国家、行业食品安全标准，及时发现生产过程食品安全问题及时监管；通过公共查询平台获取所有加入信息共享平台的食品企业的 HACCP 计划数据、生产过程数据，进行数据转换以规范结构存入平台数据库，众多食品企业的海量计划和运行数据是食品行业大数据的关键部分，通过数据分析与挖掘，进行食品质量的风险分析、风险预测和风险防范。

5.5　结束语

　　HACCP 体系作为一种结构严谨、具有潜在显著效益的预防性食品质量控制体系广泛应用于食品行业，我国大量食品企业实施了 HACCP 质量控制体系并获得了权威认证，切实提高了企业食品质量水平并保证了食品安全。食品企业 HACCP 体系实施带来了大量计划和运行数据，这些存储和应用于企业内部的数据的社会价值一直未被充分实现，数据共享是实现 HACCP 数据价值的重要途径。本书以肉鸡养殖为例详细探讨了 HACCP 体系的计划制订过程、HACCP 计划与运行数据的管理，以及食品供应链视角的 HACCP 计划与运行数据共享，为企业自身、同行企业、监管部门、社会公众提供了 HACCP 数据的管理与应用方案。采用智能分析方法，分析与挖掘众多食品企业的 HACCP 数据，有助于提高食品企业产品质量，提高监管部门管理能力，保证社会食品安全。HACCP 数据的规范化管理和共享需要食品企业、政府部门、社会公众的共同努力，达到社会期望的食品质量与安全。

第6章　基于供应链关键控制点的
肉类加工食品质量追溯系统

6.1　引言

　　食品质量追溯系统是一个食品供应链中各环节食品质量信息的集成平台，能够为生产经营者、销售者、政府监管部门和消费者等利益相关者提供信息服务。通过信息采集和共享，提高了食品行业的透明度，为利益相关者和消费者提供信息沟通渠道，支持对国内外食品企业产品的监管和召回需求。食品供应链中质量信息复杂多样，如何选择用户需要的关键质量信息、避免信息过载是食品质量追溯系统构建的关键。结合食品供应链不同环节中食品质量问题的关键原因及危害程度，许多学者结合 HACCP 原理对关系食品质量安全的关键环节进行分析，提出了基于供应链关键控制点的食品质量安全可追溯方案及质量控制方法[97-100]。这种方法能够减少不必要的信息追溯，控制影响食品质量的关键环节，同时可以降低成本。

　　本书分析肉类加工食品各环节的质量安全风险，运用 HACCP 分析技术分析火腿产品生产过程中影响质量安全的关键控制节点，确定追溯系统的追溯对象和数据单元。结合 EPC 物联网技术，进行食品质量追溯系统设计，并以一个火腿产品生产流程场景分析验证基于该系统的火腿产品质量追溯过程和追溯方法。

6.2　肉类加工食品的关键控制点与溯源信息分析

　　食品企业信息、肉类食品信息和加工信息是肉类加工食品质量追溯系统实现追溯的关键，在食品出现质量问题时，才能通过这些信息查询到问题的来源和环节。因此，追溯信息的确定是肉类食品质量追溯系统建立的重要步骤和关键。以火腿产品为例，从供应链视角分析其生产加工的详细流程，运用 HACCP 原理确定火腿生产过程中影响质量安全的关键控制点，分析系统需要的溯源信息，并对溯源信息中的追溯单元进行编码方案设计。

6.2.1　肉类加工食品的质量安全风险分析

肉类加工食品的质量安全问题可能发生在从源头（养殖场）到餐桌的供应链的各个环节中，这些环节可能产生的安全风险包括物理风险、化学风险和生物风险。这些风险存在于养殖、屠宰、加工、贮藏、运输、销售等环节，引起这些风险的因素也是多样的[101]。

（1）养殖环节质量安全风险及原因

肉类加工食品供应链的起始环节——生猪养殖环节，是加工食品供应链中周期最长的一个环节，肉类加工食品质量的溯源从养殖环节开始。由于猪只本身的免疫力和环境等因素的影响，对肉类食品的质量安全带来很大挑战，养殖环节风险主要来自3个方面。

①生长环境。由于工业及农业带来的污染会对猪只的生长带来不利的因素，进而影响到肉类食品的质量。

②疫病和兽药滥用。生猪生长过程中容易发生疫病，食用问题猪肉食品会影响人类健康。为了有效防止猪只携带传染病，兽药和疫苗被无节制地使用，导致猪肉兽药残留超标，严重危害消费者健康。

③饲料中添加剂违规滥用。受利益的驱使，一些养殖企业在饲料中添加违禁药品（如瘦肉精、醇激素等），导致药物在猪体内残留，对人体机能造成严重破坏。

（2）屠宰加工环节质量安全风险及原因

生猪屠宰加工环节涉及很多的工序，工序复杂难度高，任何一个工序出现问题都会影响猪肉产品质量。此外，在屠宰加工环节还需要保证屠宰溯源信息与养殖溯源信息的关联。生猪屠宰加工中存在的安全风险包括如下方面。

①宰前检疫过程不完善。很多屠宰加工企业为了节约成本而忽略了宰前检疫的环节，或者宰前检疫不规范，导致很多携带病原体的生猪进入屠宰环节。

②宰后检疫不完善。宰后检疫主要是开膛检疫，作为宰前检疫的补充环节，它弥补了胴体检疫这种外观检疫的局限。

③冷却环节温度隐患。当生猪被加工后需要对屠宰后的猪胴体进行排酸处理，排酸处理需要在 $0 \sim 4$ ℃条件下，冷藏 24 小时[102]。使酶和微生物的活力很快降低到最大限度，而且可以抑制微生物的繁殖，防止水分进一步蒸发，冷却环节温度不当会影响产品质量。

（3）食品加工环节质量安全风险及原因

火腿加工环节将猪肉加工成火腿，在严格环境条件下通过多道工序完成生产过程，火腿产品加工环节的安全风险主要包括如下方面。

①原料不合格或辅料使用量不当。原料肉质量、过多或过少的辅料使用量影响火腿的营养品质，生产过程中避免使用违禁辅料。

②包装环境或材料导致的污染。需要等产品冷却后，在卫生环境中进行包装，不当的温度和环境会造成细菌污染，不安全的包装材料会对火腿产生化学污染。

③未进行严格质量检验。缺少检测设备和规范检验流程，导致质量不合格的火腿进入流通环节。

④储存环境不当。火腿装箱后需冷藏保存，温度过高或者存放时间过长，造成微生物滋生或食品变质。

（4）流通环节质量安全风险及原因

流通环节的主要功能是记录产品移动轨迹和当前位置，以实现问题产品的追溯与召回，猪肉产品、加工食品的运输方式多样、流通环节较多，给食品安全带来了极大挑战。在物流运输环节，影响产品质量安全的因素主要包括如下方面。

①运输温度控制。对于猪肉产品，温度过低会造成营养价值的破坏；温度过高时，会发生变质。

②运输过程消毒。车辆未严格消毒、工作人员的违规操作都会给猪肉产品引入病毒，从而影响产品的质量。

（5）销售和消费环节质量安全风险及原因

销售环节是消费者购买火腿产品的阶段，由于销售主体和销售手段的多元化、多样性，导致销售环节发生猪肉产品质量安全问题的概率提高。火腿产品在销售和消费环节的风险主要是微生物风险，由于销售环境卫生、销售人员自身的健康及贮藏温度和时间控制不当造成的细菌生长，引起食源性疾病从而危害消费者健康。

6.2.2　肉类加工食品关键控制点的识别

HACCP 体系通过对食品生产中实际存在和潜在的危害进行危险性评价，找出对最终产品安全有重大影响的关键控制点，并采取相应的预防和控制措施，在危害发生之前就进行主动预先控制，从而最大限度地减少不安全产品出现的风险。

（1）火腿产品生产工艺流程

采用 HACCP 体系确定食品供应链中的关键控制点，需要确定食品生产工艺流程。食品质量追溯视角的火腿产品生产工艺流程包括养殖、屠宰、生产、配送、销售供应链整个环节，具体工艺流程如图 6.1 所示。

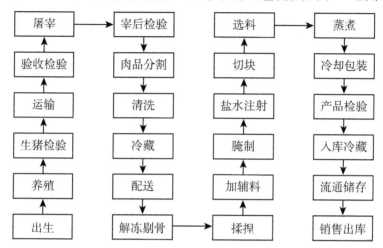

图 6.1　食品质量追溯视角的火腿生产工艺流程

（2）危害分析和关键控制点的确定

针对火腿产品生产工艺流程中的每项工艺，进行生物的、化学的、物理的危害分析，判断其是否是显著危害，分析这些显著危害的预防控制措施[103]。通过 CCP 判定树判定该工艺是否为关键控制点，CCP 判定树中有4 个互相关联的问题，通过问题逻辑判断和技术专家判断相结合，确定整个工艺流程中的关键控制点。实际工作中采用危害分析表来确定潜在危害并确定 CCP，基于食品供应链特征和 HACCP 知识的火腿产品生产工艺危害分析如表 6.1 所示。

表 6.1　危害分析

1	2	3	4	5	6
工艺流程	潜在安全危害	是否显著危害	对第 3 栏的判断依据	防止显著危害的控制措施	是否是 CCP
出生	生物危害	否	对种猪检验检疫，种猪不能来自疫区和患有疾病		否
	化学危害	否			
	物理危害	否			

续表

1	2	3	4	5	6
工艺流程	潜在安全危害	是否显著危害	对第3栏的判断依据	防止显著危害的控制措施	是否是CCP
投入品使用	生物危害	是	饲养过程可能感染疫病	通过 SSOP 和 GMP 控制	是 CCP1
投入品使用	化学危害	是	饲料添加剂、兽药、免疫针剂的使用	做好饲料、兽药和免疫登记	是 CCP1
投入品使用	物理危害	否	注射药物时断针残留	金属探测仪检测、剔除	是 CCP1
生猪检验	生物危害	是	猪的疫病会对人类安全造成隐患	授权有资质兽医检验检疫，疫病个体猪无害处理	是 CCP2
生猪检验	化学危害	否			是 CCP2
生猪检验	物理危害	否			是 CCP2
生猪运输	生物危害	否	运载工具不卫生导致病菌感染	查验动物产品运载工具消毒证明，确保车辆的卫生	否
生猪运输	化学危害	否			否
生猪运输	物理危害	否			否
验收检验	生物危害	是	生猪在饲养过程中可能感染疫病，带有病原体	查验生猪饲养单	是 CCP3
验收检验	化学危害	是	饲养过程中因饲料、兽药等导致药物残留或超标	检验瘦肉精、激素等药物残留	是 CCP3
验收检验	物理危害	否			是 CCP3
屠宰	生物危害	否	脱毛可能会造成病菌感染，刀具容易划破胃肠、膀胱、胆囊等部位	SSOP 控制潜在的微生物污染，刀具消毒	否
屠宰	化学危害	否			否
屠宰	物理危害	否			否
宰后检验	生物危害	是	屠宰过程可能细菌感染	综合判定及实验室检验	是 CCP4
宰后检验	化学危害	否			是 CCP4
宰后检验	物理危害	否			是 CCP4
分割	生物危害	是	环境和温度不当，易造成微生物滋长和二次污染	通过 SSOP 控制	否
分割	化学危害	否			否
分割	物理危害	否			否

续表

1	2	3	4	5	6
工艺流程	潜在安全危害	是否显著危害	对第3栏的判断依据	防止显著危害的控制措施	是否是CCP
肉品冷藏	生物危害	是	温度过高或者存放时间过长导致微生物超标	控制预冷间温度和存放时间	是 CCP5
	化学危害	否			
	物理危害	否			
肉品配送	生物危害	是	温度不当，可能造成病原菌的滋生和腐败	控制温度，确保运输过程中始终处于低温状态	是 CCP6
	化学危害	否			
	物理危害	否			
剔骨	生物危害	否	骨头太小，未剔除	机器碾压	否
	化学危害	否			
	物理危害	否			
选料	生物危害	否			是 CCP7
	化学危害	是	肉品不好导致火腿肉质不符合要求	挑选符合要求的肉品	
	物理危害	否			
切块	生物危害	否	细菌、微生物感染	SSOP控制，刀具消毒	否
	化学危害	否			
	物理危害	否			
盐水注射	生物危害	否			否
	化学危害	否	注射量的多少影响口感	依据盐水注射规范操作	
	物理危害	否			
腌制	生物危害	否			否
	化学危害	否	腌制时间过短，口味欠佳	依据腌制时间规范操作	
	物理危害	否			
加辅料	生物危害	否			是 CCP8
	化学危害	是	辅料过多或过少影响品质	依据辅料添加规范操作	
	物理危害	否			

续表

1	2	3	4	5	6
工艺流程	潜在安全危害	是否显著危害	对第3栏的判断依据	防止显著危害的控制措施	是否是CCP
揉捏	生物危害	否			否
	化学危害	否			
	物理危害	否			
蒸煮	生物危害	否			否
	化学危害	否	蒸煮时间过长或过短影响品质	依据蒸煮规范操作	
	物理危害	否			
冷却包装	生物危害	是	环境不洁或者温度不当，造成微生物污染	包装车间消毒，控制温度	是CCP9
	化学危害	是	包装材料使用不当，可能造成潜在污染源	选用符合质量安全的包装材料	
	物理危害	否			
产品检验	生物危害	否			是CCP10
	化学危害	是	火腿肉质不符合要求	对不符合质量火腿隔离处理	
	物理危害	否			
入库冷藏	生物危害	是	温度过高或者存放时间过长导致微生物超标	控制预冷间温度和存放时间	是CCP11
	化学危害	否			
	物理危害	否			
流通储存	生物危害	是	环境不卫生或温度不当，造成微生物滋长	保证环境卫生，控制温度	是CCP12
	化学危害	否			
	物理危害	否			
销售出库	生物危害	是	环境不卫生或温度不当，造成微生物滋长和污染	保证环境卫生，控制温度	是CCP13
	化学危害	否			
	物理危害	否			

通过危害分析，从表6.1可以看出，火腿产品生产过程中的关键控制点有13个：养殖、生猪检验、验收检验、宰后检验、肉品冷藏、肉品配送、选料、加辅料、冷却包装、产品检验、入库冷藏、流通储存、销售出库。其中，养殖投入物（如饲料、兽药、疫苗）的使用、生猪检验在养殖企业进行；验收检验、宰后检验、肉品冷藏在屠宰企业进行；肉品配送由配送企业完成；选料、加辅料、冷却包装、产品检验、入库冷藏在加工企业进行；流通储存由流通企业完成；销售出库由销售企业完成。

6.2.3　肉类加工食品质量溯源信息分析

火腿产品溯源涉及养殖企业、屠宰企业、加工企业、配送企业、销售企业等多个节点，每个节点工艺众多，同时还有企业间交易信息。为实现火腿产品质量控制和减少信息过载，将火腿产品生产过程中13个关键控制点所需的质量控制信息作为火腿产品质量溯源信息[104]。每类节点企业进行工艺控制，提供对应关键控制点的信息，每项关键控制点信息包含对监控对象的监控、纠偏和验证信息，提出的火腿产品质量溯源信息框架如图6.2所示。

①养殖阶段。养殖企业饲养员给每头仔猪佩戴耳标，记录仔猪的品种、健康、转入等信息；饲养过程中以耳标为标识记录仔猪的饲料饲养、疾病免疫、疾病治疗、检疫检验信息。

②屠宰阶段。对收购生猪进行质量检验，记录生猪检验的检验项目、检验结果、检验人员、检验时间等信息；检验合格的生猪屠宰后，对胴体检验、重新编码，记录胴体的检验信息及胴体编码与猪耳标的关联；胴体检验后，按部位分割成不同的肉品并冷藏储存，需记录分割肉的冷藏环境与温度信息及分割肉编码与胴体编码的关联。

③肉品配送阶段。企业工作人员记录分割肉的运输工具、环境温度、卫生条件等信息。

④加工阶段。加工厂工作人员挑选分割肉制作火腿产品，记录选料信息、分割肉编码与火腿生产批次之间的关联；每个批次火腿产品的加辅料、冷却包装、产品检验环节，记录对应的质量控制信息；检验合格的产品装入纸质包装箱后入库冷藏，需记录火腿产品包装箱的入库冷藏信息及火腿产品包装箱编码与火腿生产批次之间的关联。

⑤流通阶段。流通企业工作人员以包装箱为单位记录产品储存环境信息。

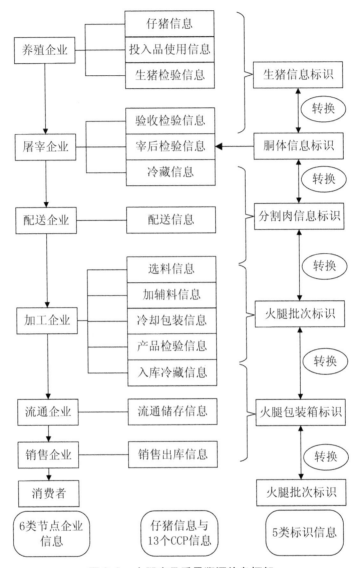

图6.2 火腿产品质量溯源信息框架

⑥销售阶段。采购的火腿产品包装箱从仓库或货架转到前台销售给顾客，以包装箱为单位记录产品储存环境信息，消费者可以从单件产品的生产批次查询产品全程质量信息。

本书采用 EPC 编码标准进行数据采集与处理，使用电子产品代码（Electronic Product Code，EPC）来建立各环节产品单元的编码体系，采用 RFID 电子标签、条码及可附加 EPC 的耳标作为编码载体[105]。EPC 编码是由版本号、对象管理者、对象分类、序列号4段数字组成的一组数字，它对实体及实体相关信息进行代码化，是物品在网络中的唯一代号，通过统一规范的编码作为通用信息交换语言。通常将 EPC 编码分为 3 个版本：EPC-64，EPC-96，EPC-256，这里选择 EPC-96 编码，在编码 21.203D2A.16E5B1.9719BAE03C 中，21 表示版本号，也称为标头，203D2A 为厂商识别代码，16E5B1 为对象分类代码，9719BAE03C 为的序列号。火腿产品供应链中的追溯单元、产生阶段及追溯标识载体如表 6.2 所示。

表 6.2 火腿产品供应链中的追溯单元

序号	追溯单元	产生阶段	追溯标识载体
1	猪个体	养殖	电子耳标
2	猪胴体	屠宰	RFID 标签
3	分割肉	屠宰	条码标签
4	火腿生产批次	加工	RFID 标签
5	火腿包装箱	加工	RFID 标签

由于每个批次的火腿产品数量众多、具有相同的质量水平，单件火腿产品包装上都有生产批次信息。因此，将火腿生产批次设为加工环节的追溯单元，消费者通过购买的火腿产品包装上的生产批号进行质量信息追溯。火腿产品供应链中，5 类追溯单元的有 4 种关联关系：胴体编码与猪耳标的关联、分割肉编码与胴体编码的关联、火腿生产批次与分割肉编码的关联、火腿产品包装箱编码与火腿生产批次的关联，关联关系是火腿产品质量追溯的关键。

6.3 肉类加工食品质量追溯系统设计

6.3.1 系统总体结构设计

6.3.1.1 技术方案选择

多个相互关联的环节组成肉类加工食品供应链，食品质量由各环节节点企业共同保证，各环节的关键质量信息及其关联是肉类加工食品质量追溯的基础，需要一种能将分散于各环节企业中质量信息进行集成管理的信息技术。食品质量追溯要求食品供应链中各环节产品具有准确的标识，对追溯对象唯一标定，现实中肉类加工食品链各环节生产对象有长久使用的标识方法，如耳标、RFID 标签、条形码等，选择的信息技术需要与目前各环节广泛使用的物品标识相关联。对比当前各种与物品标识技术紧密结合的分布式信息管理技术，EPC（Electronic Product Code，电子产品代码）物联网结合 EPC 技术和物联网技术，可以将供应链中各个环节的信息实现自动、快速、并行、实时处理，并通过网络实现信息共享，成为肉类加工食品质量追溯系统建设的理想选择[106]。

EPC 物联网由 EPC 编码体系、射频识别系统和网络信息系统 3 部分构成。EPC 编码体系提供目标物品的编码标准，便于目标物品识别与解析；射频识别系统由贴在物品上或内嵌于物品中的标签及读取 EPC 标签编码的阅读器构成；网络信息系统是 EPC 网络的信息支撑系统，关键组件是 EPC 中间件、EPC 信息服务（EPC Information Service，EPCIS）、对象名解析服务（Object Naming Service，ONS）、发现服务（Discovery Service，DS）。将各环节关键质量信息存储于 EPC 网络中，可实现肉类加工食品质量追溯目标，基于 EPC 物联网的肉类加工食品质量追溯系统总体结构如图 6.3 所示。

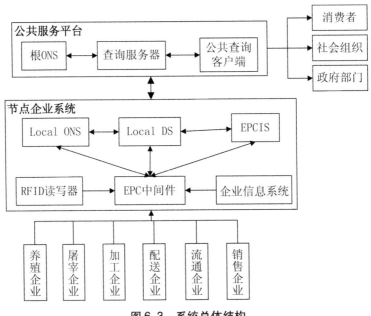

图 6.3　系统总体结构

该分布式系统由各节点企业系统和公共服务平台构成，公共服务平台基于查询服务器和根 ONS 服务器获取 EPC 对象信息的目标地址，为消费者、食品企业在内的各类社会组织、政府部门提供肉类加工食品链质量信息查询功能，用户可在查询终端获取质量信息；节点企业系统存储肉类加工食品链的质量信息，是质量追溯的数据保障设施，同时各节点企业可以使用自己的系统获取供应链上各环节公共质量信息。

节点企业系统的数据采集功能由 EPC 物联网中各种组件协作完成，RFID 读写器发现 EPC 对象并传输给 EPC 中间件，事件捕获接口获取 EPC 对象信息发送给 EPCIS 存储。为便于外部用户快速准确查询大量 EPC 对象的事件数据，节点企业系统将 EPC 对象及其 EPCIS 服务地址注册到本地 DS 服务器，将 EPC 对象及其 DS 服务地址注册到本地 ONS 服务器。同时，将 EPC 对象及其本地 ONS 服务地址注册到公共服务平台的 ONS 服务器，外部用户通过公共服务平台的 ONS 服务器层层查询，获得 EPC 对象事件信息，实现加工食品质量追溯。

6.3.1.2　系统层次结构

质量追溯系统的层次结构如图 6.4 所示，在系统体系层次中，包括提供各环节数据捕获的采集层、提供数据处理的服务层、提供数据存储的数据层和提供业务功能的应用层。面向加工食品质量追溯的 EPC 物联网设计步骤如下。

①标识物品。利用电子标签或传感器技术标识食品供应链中追溯单元及其他物品，如在食品、托盘、货架、运输车等物品上粘贴 EPC 标签或配置传感装置，建立感知节点。

②建立采集和传输被标识物品信息的联网节点。联网节点是具备感知、联网和控制能力的嵌入式系统，能实现与基础节点的通信，并能将信息安全可靠地发送至物联网中间件，如读写器读取 RFID 标签信息之后，将信息发送给 EPC 中间件。

③设计面向加工食品质量追溯的物联网中间件和数据存储方案。物联网中间件是连接硬件接口和应用程序接口的纽带，处理分布式存储的加工食品质量信息，可以实现多个系统和多种技术之间的资源共享。建立加工食品质量追溯系统需要设计和实现各联网节点的网络配置、用户管理和食品质量信息的采集、过滤、传输和存储等功能。

④实现各应用节点的食品质量追溯应用，包括基础应用和特定应用。基础功能包括各节点的信息采集显示、信息查询功能；特定应用包括食品质量追溯、质量监管和食品数据分析等功能。

结合我国火腿产品的实际生产过程，本书在火腿产品食品质量追溯系统研究过程中综合采用 RFID 和条形码技术对处于供应链不同环节的追溯单元进行标识[107,108]。由于生猪的养殖环境相对恶劣，对于生猪个体采用低频牲畜电子耳标进行标识，采集、记录养殖过程信息；屠宰环节，企业

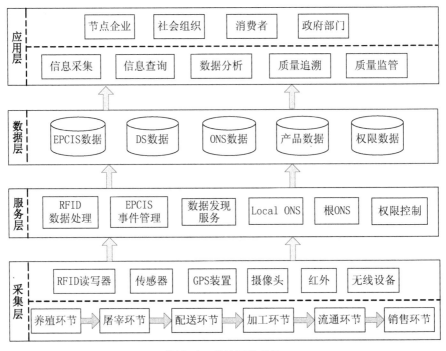

图6.4 系统层次结构

生产线追溯设备采用低频 RFID 系统，该频段标签具有较佳的金属防护性能，适用于生产线上金属较多的环境，扁担钩在白条肉置于冷库排酸、存储过程应用；生产环节，以生产线追溯设备采用 RFID 系统记录火腿生产批次的关键信息；配送和物流环节，传感器置于运输工具中，将 RFID 标签附加到火腿产品包装箱，实时收集运输环境温度信息；火腿产品销售环节处理的单件或者个体产品，具有低成本需求，因此，使用火腿产品包装时的火腿产品批次，用户根据火腿产品批次对应 EPC 码进行产品质量追溯。

6.3.2 EPC 数据存储模型设计

6.3.2.1 EPCIS 事件定义

加工食品供应链企业 EPC 系统中的 EPCIS 为访问和存储 EPC 数据提供了一个标准接口，已授权访问的用户通过 EPCIS 共享加工食品质量信息。EPCIS 事件是 EPCIS 的重要数据模型，是对追溯信息建模的关键，一个完整的 EPCIS 事件包括 4 类信息：对象、日期和时间、地点和业务细节。EPCglobal 发布的 EPCIS 标准，EPCIS 事件有 4 种类型：对象事件

（ObjectEvent）、聚合事件（AggregationEvent）、数量事件（QuantityEvent）和交易事件（TransactionEvent）。

　　火腿产品质量追溯系统 EPCIS 数据模型设计包括事件定义和事件数据存储，EPCIS 事件定义是数据模型设计的关键。在火腿产品生产流程中的 13 个关键控制点及作为产品源的仔猪登记控制点，各企业 EPC 系统 EP-CIS 的事件捕获接口获取企业管理系统的业务数据，将部分内部信息转换成质量追溯信息发送到各企业的 EPCIS 服务器。基于火腿产品供应链业务、追溯单元和追溯信息，抽象出了 14 个 EPCIS 事件，如表6.3所示。

表 6.3　火腿产品生产的关键追溯事件与追溯信息

环节	编号	事件名称	事件类型	产品单元	标识	事件信息
养殖	1	仔猪登记	Object	猪个体	电子耳标	仔猪健康与转入信息
	2	投入品使用	Object	猪个体	电子耳标	饲料、兽药、疫苗使用信息
	3	生猪检验	Object	猪个体	电子耳标	生猪检疫检验信息
屠宰	4	验收检验	Object	猪个体	电子耳标	生猪验收检验信息
	5	宰后检验	Aggregation	猪胴体	RFID 标签	猪胴体检验信息
	6	肉品冷藏	Aggregation	分割肉	条码标签	分割肉冷藏信息等
配送	7	肉品配送	Transaction	分割肉	条码标签	肉品配送工具与环境信息
加工	8	选料	Aggregation	火腿生产批次	条码标签	火腿生产选料信息
	9	加辅料	Object	火腿生产批次	条码标签	火腿生产添加辅料信息
	10	冷却包装	Object	火腿生产批次	条码标签	火腿冷却、包装信息
	11	产品检验	Object	火腿生产批次	条码标签	火腿产品检验信息
	12	入库冷藏	Aggregation	火腿包装箱	RFID 标签	火腿包装箱入库冷藏信息
流通	13	流通储存	Transaction	火腿包装箱	RFID 标签	火腿包装箱流通储存信息
销售	14	销售出库	Transaction	火腿包装箱	RFID 标签	火腿包装箱储藏、出库信息

（1）养殖环节

养殖环节有仔猪登记、投入品使用和生猪检验3个关键事件，各事件定义如下。

①仔猪登记时，养殖企业工作人员给每头仔猪佩戴具有 EPC 编码的电子耳标，并在数据库中初始化，记录仔猪的品种、健康、转入及养殖批次等信息。这些数据以 EPCIS 事件形式上传到养殖企业 EPCIS 服务器，事件类型选择 ObjectEvent，action 元素值为 ADD，bizStep 元素值设为"仔猪登记"标识，追溯对象为猪个体。

②养殖过程中使用饲料、兽药、疫苗时，工作人员记录仔猪使用的投入品类别、名称、来源、使用量、使用方法等详细事项信息。这些数据以 EPCIS 事件形式上传到养殖企业 EPCIS 服务器，事件类型选择 ObjectEvent，action 元素的值设为 OBSERVE，bizStep 元素的值设为"投入品使用"标识。

③养殖过程中对生猪检验检疫时，工作人员记录生猪耳标信息、检验项目、检验结果、检验时间、检验编号、养殖批次等信息。这些数据以 EPCIS 事件形式上传到养殖基地 EPCIS 服务器，事件类型选择 ObjectEvent，action 元素的值设为 OBSERVE，bizStep 元素的值设为"生猪检验"标识。

（2）屠宰环节

屠宰环节有验收检验、宰后检验和肉品冷藏 3 个关键事件，各事件定义如下。

①屠宰企业接收生猪时，工作人员需要验收检验，合格后，记录生猪耳标、检验项目、检验结果、检验时间、检验编号等信息。验收检验信息以 EPCIS 事件形式上传到屠宰企业 EPCIS 服务器，事件类型选择 ObjectEvent，action 元素的值选择 OBSERVE，bizStep 元素的值设为"验收检验"标识。

②对猪胴体检验时，使用 RFID 电子标签记录猪胴体检验信息，并将 RFID 标签的 EPC 编码信息在数据库中初始化。将这些数据以 EPCIS 事件形式上传到屠宰企业 EPCIS 服务器，事件类型为 AggregationEvent，action 元素的值选择 ADD，bizStep 元素的值设为"宰后检验"标识，parentID 元素的值为猪耳标的 EPC 编码，childEPCs 元素的值为产生的所有胴体的 EPC 编码，追溯对象由猪个体变为胴体。

③对分割包装后的肉品冷藏储存时，为分割肉附加 EPC 编码的条码标签，记录分割肉的冷藏环境、冷藏地点等信息。将这些数据以 EPCIS 事件形式上传到屠宰企业 EPCIS 服务器，事件类型选择 AggregationEvent， action 元素的值选择 ADD，bizStep 元素的值为"肉品冷藏"标识，parentID 元素的值为猪胴体的 EPC 编码，childEPCs 元素的值为关联分割肉的 EPC 编码，追溯对象由猪胴体变成分割肉。

（3）配送环节

配送环节的肉品配送事件定义如下。

配送企业配送肉品时，工作人员记录所有分割肉 EPC 列表、运输工具、运输环境等信息。这些数据以 EPCIS 事件形式上传到配送企业的 EPCIS 服务器，事件类型选择 TransactionEvent，action 元素的值选择 OBSERVE，bizStep 元素的值设为"肉品配送"标识。

（4）加工环节

加工环节是火腿产品的关键生产环节，该环节有选料、加辅料、冷却包装、产品检验、入库冷藏事件，各事件定义如下。

①加工企业为火腿产品制作挑选分割肉时，工作人员为火腿生产批次编制 EPC 条码，依据火腿生产批次，记录选择的分割肉 EPC 列表、肉品质量、总重量、时间、人员等信息。将选料信息以 EPCIS 事件形式上传到加工企业 EPCIS 服务器，事件类型选择 AggregationEvent，action 元素的值选择 ADD，bizStep 元素的值设为"选料"标识，parentID 元素的值为分割肉 EPC 列表，childEPCs 元素值为火腿生产批次 EPC 码，追溯对象由分割肉变成火腿生产批次。

②每个批次火腿产品生产需要添加辅料时，工作人员记录火腿生产批次、辅料名称、使用数量、时间、人员等信息。将添加辅料信息以 EPCIS 事件形式上传到加工企业 EPCIS 服务器，事件类型选择 ObjectEvent，action 元素的值选择 OBSERVE，bizStep 元素的值设为"加辅料"标识。

③对生产完成每个批次火腿产品包装时，工作人员记录火腿生产批次、包装作业温度、卫生环境、包装材料、时间、人员等信息。将冷却包装信息以 EPCIS 事件形式上传到加工企业 EPCIS 服务器，事件类型选择 ObjectEvent，action 元素的值选择 OBSERVE，bizStep 元素的值设为"冷却包装"标识。

④对每个批次的火腿产品进行质量检验时，工作人员记录火腿生产批次、检验项目、检验结果、日期、检验编号等信息。将产品检验信息以 EPCIS 事件形式上传到加工企业 EPCIS 服务器，事件类型选择 ObjectEvent，action 元素的值选择 OBSERVE，bizStep 元素的值设为"产品检验"标识。

⑤将火腿产品装入包装箱后转运到仓库冷藏保存，需增加包装箱的 RFID 标签附着工序，包装箱 RFID 标签的 EPC 编码信息在数据库中初始化，工作人员记录包装箱 EPC 列表、储存温度、储存环境、储存日期等信息。同时将这些数据以 EPCIS 事件形式上传到加工企业 EPCIS 服务器，事件类型选择 AggregationEvent，action 元素的值选择 ADD，bizStep 元素的值设为"入库冷藏"标识，parentID 元素的值为火腿生产批次 EPC 码，childEPCs 元素的值为包装箱 EPC 列表，追溯对象由火腿生产批次变成火腿产品包装箱。

（5）流通环节

流通环节的流通储存事件定义如下。

火腿产品包装箱在流通环节需要适当保存，流通企业工作人员使用 RFID 终端扫描火腿产品包装箱的 RFID 标签，记录火腿产品包装箱 EPC 列表、储存温度、储存环境、储存时间等信息。将这些数据以 EPCIS 事件形式上传到流通企业的 EPCIS 服务器，事件类型选择 TransactionEvent，action 元素的值选择 OBSERVE，bizStep 元素的值设为"流通储存"标识。

（6）销售环节

销售环节的销售出库事件定义如下。

从销售企业存储位置提取火腿产品包装箱进行销售时，工作人员使用 RFID 终端扫描火腿产品包装箱的 RFID 标签进行出库作业，记录火腿产品包装箱的储存环境、出库时间、储存时间等信息。将信息以 EPCIS 事件形式上传到销售企业 EPCIS 服务器中，事件类型选择 TransactionEvent，action 元素的值为 OBSERVE，bizStep 元素的值设为"销售出库"标识。

事件数据是在业务处理过程中产生的数据，通过 EPCIS 捕获接口来捕获，并且可以使用 EPCIS 查询接口查询，事件数据传输采用 EPCIS 标准定义的 XML 格式。对于火腿产品供应链中的对象事件、聚合事件和业务事件，EPCIS 标准定义了各类事件的属性。各类型事件数据存储在关系数据库中，事件中追溯单元之间的关联关系采用关系模式设计。

6.3.2.2 DS 数据模型设计

DS 系统的目的在于实现单品级别的信息发现，以及对 EPC 关联对象的高效数据查询，适应用户对加工食品质量信息追溯的需求。因此，DS 数据模型包括单品级别的信息发现和 EPC 对象关联设计。加工食品供应链中追溯对象之间的关联可以抽象成有向图的结构，EPCIS 事件可以表示为图的节点，事件间的关系可以使用连接事件的边来表示。因此，EPC 关联数据可以用有向图的索引结构来标识。本书采用节点索引数据结构（ds-index）来存储 EPC 对象及 EPC 对象间关联数据，如图 6.5 所示。

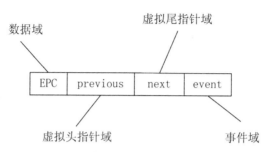

图 6.5　节点索引数据结构（ds-index）

ds-index 的数据域保存数据发现系统获取的 EPC 码，在一个 DS 系统中，不同事件的 EPC 码或者多个 EPC 码完全相同时，这些事件共享一个 ds-index 结构，只为第一次出现的 EPC 码或多个 EPC 码创建一个 ds-index 结构，并将 EPC 码或多个 EPC 码填入数据域中，后续收到不同事件数据时，更新该 ds-index，按顺序添加到事件域中。ds-index 的虚拟头指针域存储当前 EPC 的相邻前一个或者多个关联 EPC 及其 DS 服务地址，虚拟尾指针域存储当前 EPC 的相邻下一个或者多个关联 EPC 及其 DS 服务地址，相邻 EPC 对象可能来自其他 DS 服务器。

6.3.3　肉类加工食品质量信息的采集与查询

基于 EPC 网络的肉类加工食品质量追溯系统的主要功能是采集各节点企业的食品质量信息和为用户提供完整、准确的质量信息查询。本书采用第 4 章中图 4.6、图 4.11 所示的信息采集和查询方法，实现火腿产品质量信息的采集和查询。

6.3.3.1　火腿产品质量信息采集

（1）火腿产品生产的 EPCIS 事件数据采集

火腿产品质量信息采集的数据包括 EPCIS 事件数据、Local DS 数据、Local ONS 数据及根 ONS 数据。基于 EPC 网络中 EPCIS、DS、Local ONS、根 ONS 之间的关系，这 4 类数据中，后一类数据分别以它的前一类数据为基础。根 ONS 系统的数据库保存维护 EPC 机构和物品类别码的 Local ONS 服务地址；Local ONS 系统的数据库保存维护 EPC 机构和物品类别码的 Local DS 服务地址；EPCIS 系统通过 EPC 中间件从企业信息系统捕获事件数据。在 Local DS 系统提供 EPC 码和 Local DS 服务地址基础上，Local

ONS、根 ONS 系统基于接口功能获取和存储数据。这里主要以一个火腿产品生产流程场景为例介绍 EPCIS 事件数据、Local DS 数据的采集与存储，该流程场景如图 6.6 所示。

火腿产品供应链中共有 5 种产品单元标识，分别为：生猪标识、胴体标识、分割肉标识、火腿生产批次标识、火腿产品包装箱标识。这 5 种标识在养殖、屠宰、配送、加工、流通、销售所有供应链环节的一个或者多个环节的事件中出现。图 6.6 反映了不同类型标识之间的对应关系，为不同类型标识分配了编码，该场景假设有 3 个生猪对象，每个对象对应两个胴体对象，每个胴体对象分割成若干个分割肉对象，一个火腿生产批次需要多个分割肉对象，一个火腿生产批次的产品装入 5 个包装箱中。

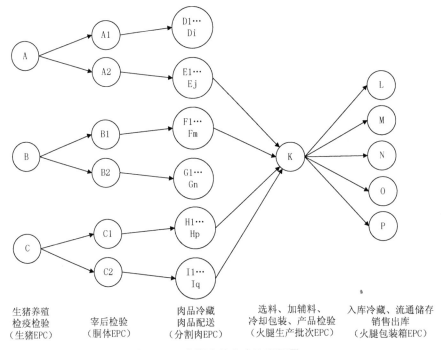

生猪养殖
检疫检验
（生猪EPC）

宰后检验
（胴体EPC）

肉品冷藏
肉品配送
（分割肉EPC）

选料、加辅料、
冷却包装、产品检验
（火腿生产批次EPC）

入库冷藏、流通储存
销售出库
（火腿包装箱EPC）

图 6.6　火腿产品生产流程场景

各环节生产中产生的业务数据由企业信息系统存储，而质量追溯信息是以事件形式获取的，火腿产品生产流程场景对应的 EPCIS 事件及事件间关系如图 6.7 所示。图中每个事件的格式包含 3 个字段：EPC * 事件 * 发生时间，"A * 仔猪登记 * T1" 表示 EPC 为 A 的生猪在时间 T1 发生了事件"仔猪登记"，图中事件与表 6.3 中定义的火腿产品质量的关键追溯事件对应。考虑到现实业务的多样性，入库冷藏的 5 个包装箱对象分两次进入流通渠道，每个流通环节的对象进入不同的销售渠道，这些对象在不同的时间销售出库。

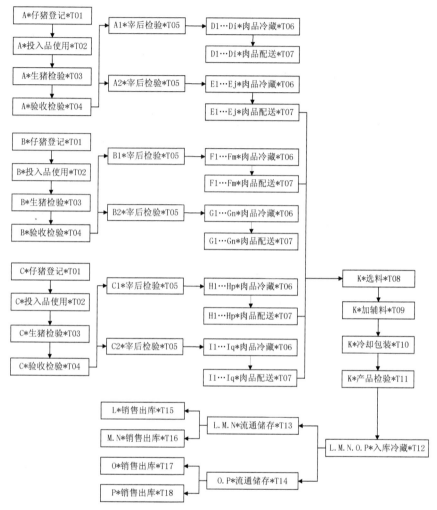

图6.7 火腿产品生产过程中的 EPCIS 事件及其关系

（2）火腿产品生产的 DS 数据采集

DS 数据采集过程就是 ds-index 结构的创建或更新过程，通过 DS 系统数据发布接口将 EPCIS 事件数据写入一个或多个 ds-index 结构的不同区域，基于图6.7 中 EPCIS 事件关系数据所采集的火腿产品生产过程 DS 数据如图6.8 所示。加工环节之前，每个生猪对象 A、B、C 都经历类似的养殖、屠宰、配送环节事件，图6.8 仅以生猪对象 A 为例说明其在前 3 个环节中其关联对象的 DS 数据，加工环节及之后环节的 DS 数据未受影响。

　　每个供应链环节存在多个节点企业，每个节点企业有多个 EPC 对象。一个节点企业内部的一个 EPC 对象或者 EPC 列表对象所发生的所有事件使用一个 ds-index 结构存储，如养殖环节中生猪对象 A 的 3 个事件、加工环节中火腿产品生产批次 K 的 4 个事件。一个 EPC 对象或者 EPC 列表对象如果出现在不同环节的不同节点企业，需要对应节点企业 DS 服务器分别存储该 EPC 对象或者 EPC 列表的 ds-index 结构，如生猪对象 A 在养殖环节节点企业和屠宰环节节点企业中有不同的 ds-index 结构，两个 ds-index 结构通过虚拟指针域建立与事件发生顺序对应的联系，这是跨企业进行加工食品质量追溯的关键。

　　节点企业内部或者节点企业之间会发生不同 EPC 对象之间的分离或者聚合，通过 EPC 对象的 ds-index 结构的虚拟指针域很容易建立起这种分离或者聚合联系，如屠宰环节企业中生猪对象 A 与胴体对象（A1 和 A2）、胴体对象（A1 和 A2）与分割肉对象（A1 的 D1…Di、A2 的 E1…Ej）之间的关联，都是通过前者的虚拟尾指针域数据与后者建立联系。同时通过后者的虚拟头指针域数据与前者建立联系，以便用户进行正向或者逆向的质量信息查询。节点企业之间发生的不同 EPC 对象之间的分离关系，如加工环节节点企业的产品包装箱对象列表 L. M. N. O. P 与流通环节两个节点企业的产品包装箱对象列表 L. M. N 和对象列表 O. P 之间的分离关系，以及流通环节节点企业的产品包装箱对象列表与销售环节节点企业的产品包装箱对象或对象列表之间的关系。配送环节节点企业的多个分割肉对象列表与加工环节的火腿产品生产批次之间则属于聚合关系，同样在这些 EPC 对象或者 EPC 对象列表的虚拟指针域建立前后关联关系。

6.3.3.2　火腿产品质量信息查询

　　肉类加工食品质量追溯系统中，节点企业可以通过自己的 EPC 系统查询企业生产或者经营的产品在整个供应链上的质量信息，社会公众、社会组织、政府部门及未建立 EPC 系统的企业组织通过公共服务平台查询肉类加工食品供应链中的食品质量信息。用户使用 RFID 读取设备、条码扫描设备或者界面录入方式采集查询对象的 EPC 码传输到查询客户端，查询客户端从节点企业的 EPC 系统或者公共服务平台查询 EPC 对象及其所有关联对象的事件数据并排序后返回到用户查询客户端显示。

　　基于 EPC 网络组件结构关系，如果从公共服务平台进行质量追溯，公共服务平台服务器通过根 ONS 查询到管理用户输入的 EPC 码的所有

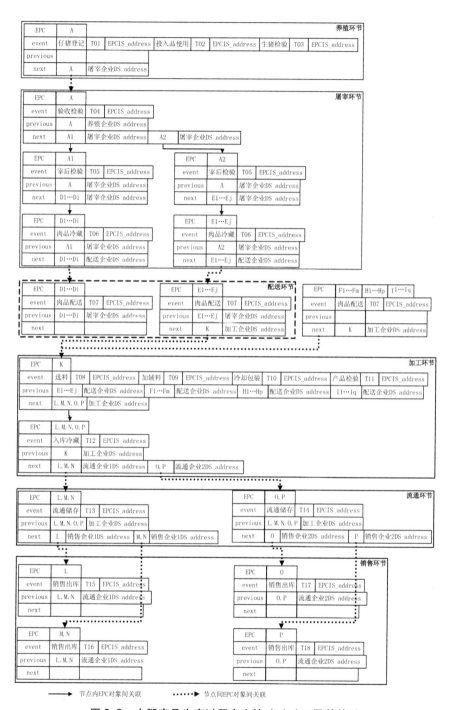

图6.8 火腿产品生产过程产生的 ds-index 及其关系

Local ONS 服务器，再通过 Local ONS 服务器查询与用户输入的 EPC 码有关联的 Local DS 服务器，然后从 Local DS 服务器查询 EPC 码的 EPCIS 服务地址，根据 EPCIS 服务地址获取用户需要的③②EPC 对象的所有事件数据。

图 6.6 的火腿产品生产流程场景中，加工环节有火腿产品生产批次 EPC 对象 K，如果对批次为 K 的火腿产品进行质量追溯，需获得作为该批次火腿产品原料的分割肉质量信息及上游的胴体质量信息、生猪质量信息。同时需要查询该批次火腿产品在流通和销售环节的质量信息，各节点企业的 EPCIS 事件数据和 DS 数据是质量信息的来源。

（1）对火腿产品生产批次 K 的逆向关联对象质量信息的查询

用户从公共服务平台的查询客户端获取 EPC 对象 K 的质量信息及上游配送、屠宰、养殖环节的关联 EPC 对象的质量信息，该查询过程如图 6.9 所示，具体步骤如下。

①公共查询客户端向公共查询服务器的 EPC 中间件请求 EPC 对象 K 的质量信息。

②EPC 中间件向根 ONS 查询维护 EPC 对象 K 的 Local ONS 服务地址，根 ONS 将结果返回。

③火腿产品生产流程场景中只有加工企业产生 EPC 对象 K 的事件信息，维护 EPC 对象 K 的 Local ONS 服务地址也只有加工企业的 ONS，EPC 中间件向加工企业 ONS 查询维护 EPC 对象 K 的 Local DS 服务地址，加工企业 ONS 向 EPC 中间件返回加工企业 DS 服务器地址。

④EPC 中间件向加工企业 DS 服务器请求 EPC 对象 K 的信息，加工企业 DS 服务器向 EPC 中间件返回 K 的选料、加辅料、冷却包装 4 个事件的加工企业 EPCIS 地址及其虚拟头指针域数据（对象列表 E1···Ej、F1···Fm、H1···Hp、I1···Iq 及其配送企业 DS 服务地址）和虚拟尾指针域数据（对象列表 L. M. N. O. P 及其加工企业 DS 服务地址）。

⑤EPC 中间件接收并缓存 K 的 4 个事件的加工企业 EPCIS 地址，从虚拟头指针域获得的各 EPC 对象列表 E1···Ej、F1···Fm、H1···Hp、I1···Iq 的配送企业 DS 服务地址，以及从虚拟尾指针域获得的对象列表 L. M. N. O. P 的加工企业 DS 服务地址。先执行不同方向的对各 EPC 对象列表 DS 服务地址数据的查询，对逆向关联对象的质量信息查询时，根据从 K 的虚拟头指针域获得的数据向配送企业 DS 服务器查询对象列表的信息，配送企业 DS 服务器向 EPC 中间件返回各对象列表的肉品配送事件的

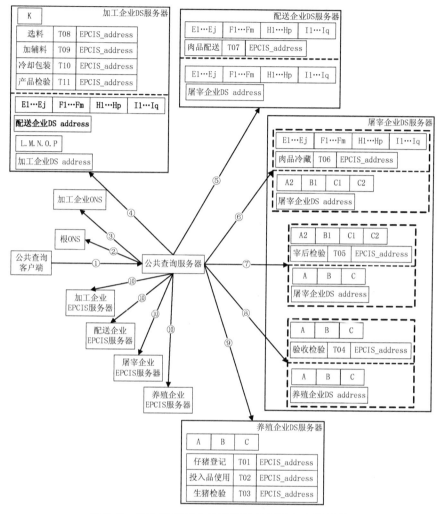

图6.9　批次 K 的逆向关联对象质量信息查询过程

配送企业 EPCIS 地址及各对象列表的虚拟头指针域数据（E1···Ej、F1···Fm、H1···Hp、I1···Iq 及其屠宰企业 DS 服务地址）。

⑥EPC 中间件接收并缓存各对象列表 E1···Ej、F1···Fm、H1···Hp、I1···Iq 的肉品配送事件的配送企业 EPCIS 地址及这些对象列表的屠宰企业 DS 服务地址，向屠宰企业 DS 服务器查询各对象列表的信息，屠宰企业 DS 服务器向 EPC 中间件返回各对象列表 E1···Ej、F1···Fm、H1···Hp、I1···Iq 的肉品冷藏事件的屠宰企业 EPCIS 地址及各对象列表的虚拟头指针域数据（A2、B1、C1、C2 及其屠宰企业 DS 服务地址）。

⑦EPC 中间件接收并缓存各对象列表 E1···Ej、F1···Fm、H1···Hp、

I1···Iq 的肉品冷藏事件的屠宰企业 EPCIS 地址及 A2、B1、C1、C2 及其屠宰企业 DS 服务地址，向屠宰企业 DS 服务器查询 A2、B1、C1、C2 的信息，屠宰企业 DS 服务器向 EPC 中间件返回 A2、B1、C1、C2 的宰后检验事件的屠宰企业 EPCIS 地址及各对象的虚拟头指针域数据（A、B、C 及其屠宰企业 DS 服务地址）。

⑧EPC 中间件接收并缓存 A2、B1、C1、C2 的宰后检验事件的屠宰企业 EPCIS 地址及 A、B、C 及其屠宰企业 DS 服务地址，向屠宰企业 DS 服务器查询 A、B、C 的信息，屠宰企业 DS 服务器向 EPC 中间件返回 A、B、C 的验收检验事件的屠宰企业 EPCIS 地址及各对象的虚拟头指针域数据（A、B、C 及其养殖企业 DS 服务地址）。

⑨EPC 中间件接收并缓存 A、B、C 的验收检验事件的屠宰企业 EP-CIS 地址及 A、B、C 及其养殖企业 DS 服务地址，向养殖企业 DS 服务器查询 A、B、C 的信息，养殖企业 DS 服务器向 EPC 中间件返回 A、B、C 各对象的仔猪登记、投入品使用、生猪检验事件的养殖企业 EPCIS 地址。

⑩EPC 中间件接收并缓存 A、B、C 各对象的仔猪登记、投入品使用、生猪检验事件的养殖企业 EPCIS 地址，并根据缓存的所有对象或对象列表的事件 EPCIS 地址，向对应的加工企业 EPCIS 服务器、配送企业 EPCIS 服务器、屠宰企业 EPCIS 服务器、养殖企业 EPCIS 服务器查询各事件详细信息，各 EPCIS 服务器将结果信息返回给 EPC 中间件。

（2）对火腿产品生产批次 K 的正向关联对象质量信息的查询

获取 EPC 对象 K 的流通和销售环节的关联 EPC 对象的质量信息的查询过程如图 6.10 所示，该过程中步骤①②③④的方法与图 6.9 中前 4 个步骤的方法相同，该过程后续步骤的处理方法如下。

步骤⑤中，EPC 中间件对 K 的正向关联对象质量信息查询时，根据从 K 的虚拟尾指针域获得的对象列表 L. M. N. O. P 及其加工企业 DS 服务地址向加工企业 DS 服务器查询 L. M. N. O. P 的信息，加工企业 DS 服务器向 EPC 中间件返回对象列表 L. M. N. O. P 的入库冷藏事件的加工企业 EPCIS 地址及 L. M. N. O. P 的虚拟尾指针域数据（L. M. N 和流通企业 1 的 DS 服务地址、O. P 和流通企业 2 的 DS 服务地址）。

步骤⑥中，EPC 中间件接收并缓存 L. M. N. O. P 的入库冷藏事件的加工企业 EPCIS 地址及对象列表 L. M. N 的流通企业 1 的 DS 服务地址、对象列表 O. P 的流通企业 2 的 DS 服务地址，分别向对应流通企业 DS 服务器查询对象列表的信息，流通企业 1 的 DS 服务器向 EPC 中间件返回 L. M. N

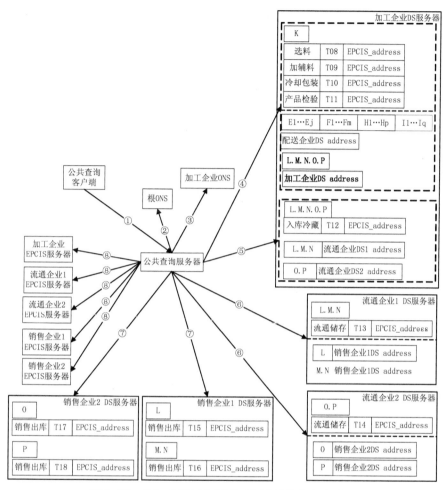

图6.10　批次 K 的正向关联对象质量信息查询过程

的流通储存事件的流通企业 1 的 EPCIS 地址及各对象（或对象列表）的虚拟尾指针域数据（L、M. N 及其销售企业 1 的 DS 服务地址），流通企业 2 的 DS 服务器向 EPC 中间件返回 O. P 的流通储存事件的流通企业 2 的 EPCIS 地址及各对象的虚拟尾指针域数据（O、P 及其销售企业 2 的 DS 服务地址）。

步骤⑦中，EPC 中间件接收并缓存对象列表 L. M. N 的流通储存事件的流通企业 1 的 EPCIS 地址及 L、M. N 及其销售企业 1 的 DS 服务地址，对象列表 O. P 的流通储存事件的流通企业 2 的 EPCIS 地址及对象 O、P 及其销售企业 2 的 DS 服务地址，分别向对应销售企业 DS 服务器查询 L、M. N、O、P 的信息。销售企业 1 的 DS 服务器向 EPC 中间件返回 L 和

M. N 的销售出库事件的销售企业 1 的 EPCIS 地址, 销售企业 2 的 DS 服务器向 EPC 中间件返回对象 O 和 P 的销售出库事件的销售企业 2 的 EPCIS 地址。

步骤⑧中, EPC 中间件接收并缓存 L 和 M. N 的销售出库事件的销售企业 1 的 EPCIS 地址, 以及 O 和 P 的销售出库事件的销售企业 2 的 EPCIS 地址, 并根据缓存的所有对象或对象列表的事件 EPCIS 地址, 向对应的加工企业 EPCIS 服务器、流通企业 EPCIS 服务器、销售企业 EPCIS 服务器查询各事件详细信息, 各 EPCIS 服务器将结果信息返回给 EPC 中间件。

EPC 中间件接收到逆向关联对象和正向关联对象的所有事件信息后, 依据事件发生时间和对象编码排序, 将查询结果返回到公共查询客户端显示给用户。

6.4 结束语

由于肉类加工食品的生物特性, 在消费中存在着化学、物理和微生物安全问题风险, 是产生食源性疾病的主要源头之一。因此, 保证肉类加工食品的质量安全对人类健康非常重要。肉类加工食品的质量安全风险贯穿了供应链的各个环节, 其质量控制措施要贯穿整个供应链。对供应链的各个环节进行风险识别, 采用 HACCP 原理更新识别供应链的关键控制环节, 可以有效地控制肉类加工食品质量安全。

食品质量追溯系统为食品企业、监管部门、消费者等各主体提供了一个供应链质量信息共享的平台, 服务于供应链节点企业协作、监管部门食品质量监管、消费者的食品质量查询, 有助于加强食品质量利益相关者的协作, 改进信息不对称现象。EPC 物联网作为一种规范、完整的产品信息网络化通信系统, 是实现集成化、智能化肉类加工食品质量追溯系统的良好技术选择。通过设计符合肉类加工食品供应链环境的 EPCIS 事件、发现服务数据模型, 采用成熟的 EPC 组件技术, 构建的食品质量追溯系统可以实现供应链中各节点企业及外部用户的质量信息共享需求。

第7章 食品供应链质量安全关键控制点的定位模式研究

7.1 引言

信息不对称引发市场主体的道德风险和机会主义行为，导致市场资源配置机制失灵，被国内外学者认为是食品质量安全问题产生的主要原因。当前，多种类型的复杂食品供应链，分散生产、分散销售的低组织化市场结构，行政管制低效，信息收集披露机制缺陷，是我国食品市场信息不对称的根源。我国食品供应链环节风险因素复杂，每个环节存在不同性质和程度的风险。同时，行政监管资源有限、监管成本高，难以做到对食品供应链所有环节过程多种风险有效管理[109]。因此，科学定位食品安全风险集中存在的某些关键点，通过优化配置生产经营者、消费者、行业组织、政府等多元治理力量进行重点控制，将食品安全危害消除或降低到可以接受水平的食品安全治理方法成为近年来国内外学者重点关注的课题。

"食品安全关键控制点"的概念来自于危害分析和关键点控制食品安全质量控制方法。张学群和栾晏（2013）应用 HACCP 方法对啤酒麦芽原材料进行危害分析，通过评审和实施食品安全相关标准，确定危害的控制水平，制定控制措施，有效控制啤酒原材料食品安全[110]。刘金亮和庞珍丽（2013）基于 HACCP 方法对水产养殖进行危害分析，确定了 6 个关键控制点及关键限值，并提出了相应监控程序和纠偏措施[111]。国外学者将HACCP 原理引入食品供应链过程，从宏观视角进行了探索。M. F. Stringer和 M. N. Hall 等（2007）将食品供应链一般模型应用于关键控制环节，通过对食品供应链中各环节可能发生问题进行层级分解分析，把食品供应链细化为 9 个操作步骤和 27 个单元，将食品安全事故原因分为 21 个类型[112]。Van Asselt（2010）认为整个食品供应链上都存在食品安全风险，关键的源头供应、食品加工、食品物流、餐饮等环节都存在多个食品安全风险危害源[113]。由于我国食品安全事故频发，通过网络途径收集食品安全事件数据，实证分析食品安全问题的发生环节和原因成为一个新的食品安全研究方向。刘畅、张浩和安玉发（2011）建立食品安全问题发生环节和原因判别与定位矩阵，分析我国2001—2010年发生的1460个食品质量安全事件，定位了4个食品安全关键控制点[114]。张红霞、安玉发（2013）以2010—2012年628个涉及生产企业的食品安全事件为研究样本，识别影响食品安全的风险因素，并系统分析风险的主要来源[115]。王志刚、王启魁和吴柳云（2012）基于21个省市城乡居民的问卷调查，分析显示，城乡消费者认为化学性因素、物理性因素、制度性因素和生物性因素是影响食品安全的主要因素[116]。基于食品安全事件数据分析确定关键控制点的方法由于无法克服其数据代表程度有限、原因粒度过大和媒体放大效应，只能作为定位食品安全关键控制点的部分依据。由于我国食品质量检测数据由政府多个部门管理、获取困难，还未见到基于食品质量检测明细数据的关键控制点定位，更缺少综合定性和定量分析来确定食品安全关键控制点的研究方法和成果。

客体控制的粒度、控制点定位方法直接影响所定位的关键控制点的准确度和实用价值，本书将食品安全关键控制点划分为环节、成因、项目3个层次，采用危害分析和统计分析方法收集基础风险数据，使用风险矩阵方法定位食品安全控制点风险等级，然后根据食品供应链特征加以优化，形成一种系统化、可操作的食品供应链质量关键控制点定位模式。用于更准确定位食品安全问题发生频率高、后果严重的关键环节、成因、项目，合理配置多元治理力量，有效改善我国食品行业市场信息不对称状况，提高食品安全治理的效率和效果。

7.2　食品供应链质量关键控制点的层次

现有研究对食品供应链质量关键控制点认识不同，可以将食品供应链某些环节作为关键控制点，如农药生产、农产品批发环节；也可以将产生食品安全问题的食品供应链环节某些原因作为关键控制点，如食品加工环节使用不安全辅料、农产品生产环节的农药残留等。对关键控制点的界定存在层次区别，层次划分不同得到的研究结果不同，对关键控制点层次的划分是科学定位关键控制点的前提。依据现有研究成果，将食品安全关键控制点划分为关键控制环节、关键控制成因、关键控制项目3个层次。

7.2.1 关键控制环节

食品安全问题可能发生在食品供应链的每一个环节，同时每个环节发生问题频率、危害程度不同，将食品安全问题发生频率高、危害严重、应用控制措施能将食品安全危害消除或降低到可以接受水平的环节识别为关键控制环节。根据食品供应链特征及节点行为，将食品供应链划分为农产品生产、食品生产、流通销售、餐饮消费 4 个阶段，并细分为 11 个环节，如表 7.1 所示。

表 7.1 食品供应链环节

阶段	环节
农产品生产	农产品生产投入品供应、种植养殖、农产品库存
食品生产	食品生产投入品供应、食品生产、食品库存
流通销售	食品供应、食品销售
餐饮消费	餐饮制作投入品供应、餐饮制作、餐饮食用

7.2.2 关键控制成因

食品安全问题产生原因各异，但本质原因源自于相关联的卫生环境、人员、物品等对象或对象行为，这些原因可能存在于食品供应链的每个环节。抽象出食品安全问题的各类成因，有助于识别问题发生频率高、危害严重的关键控制成因。依据食品安全问题关联对象的性质，考虑企业规模差异，将问题具体成因抽象为卫生环境、人员、设备设施、投入产出品、规程、检测、信息、质量体系 8 个成因类别，并细分为 22 个成因，如表 7.2 所示。从检测、信息、质量体系方面监管控制有助于降低治理成本、提高治理效率和效果。

表 7.2 食品安全问题成因

成因类别	成因	说明
卫生环境	生产环境不卫生	生产场所、设施、设备达不到卫生标准
	储存运输环境不卫生	储存运输场所、设施、设备不合卫生标准
	人员不卫生	人员卫生不符合标准
	自然环境污染	自然环境中的有害物质残留
人员	无职业从业资格	缺少所从事职业的职业资格
	人为主观损害	利益驱使或心理原因故意违法、违规操作

续表

成因类别	成因	说明
设备设施	设备不符合条件	设备不符合作业要求
	设施不符合条件	设施不符合作业要求
投入产出品	原料不合格	以劣质或非食用原料作为食品加工原料
	投入品不合格	使用劣质添加剂、饲料等辅料
	有害投入品	使用违禁辅料或有毒有害物质
	产成品不合格	原、辅料或工序等原因输出的不合格产品
	包装材料不合格	使用有污染的包装材料
规程	作业程序不当	工艺不当或者未按照正规程序作业
	要素使用量不当	要素用量不足或过量
	包装不当	包装方式或包装标注不符合规定
检测	检测制度不健全	检测制度未制定或不完善
	检测方法不合理	抽样不合理等导致的检测结果不准确
信息	记录不健全	缺少或者没有完整的企业运作信息记录
	虚假信息	企业运作的记录信息不真实
质量体系	未实施质量控制体系	未实施 GAP、HACCP、ISO 等质量体系
	质量控制体系执行不当	未严格执行、执行偏差

7.2.3 关键控制项目

现实中的食品安全问题的表现，或者质量控制、质量检测的对象是一些具体的检测项目或者控制项目，如铅含量、克伦特罗、蛋白质、有无从业职格证、检测信息真实度等，这些项目是食品安全控制的基本粒度。不同类别产品、供应链不同环节的检测项目不同，根据我国标准如《食品安全国家标准·食品中真菌毒素限量》《食品安全国家标准·食品中污染物限量》《食品安全国家标准·食品中农药最大残留限量》等对应执行。通过危害统计分析、风险分析相结合，找出发生频率高、危害严重的关键控制项目。

7.3 食品供应链质量数据分析与收集

7.3.1 食品安全危害数据分析与收集

ISO22000 食品安全标准体系将 HACCP 原理引入整个食品供应链过程，

进行危害分析和质量控制。应用 HACCP 原理对整个食品供应链进行质量控制，需要构建各关联环节流程；确定食品链上的关键控制点；建立 CCP 临界范围、监控、纠偏措施；建立有效的记录保存程序及验证程序。根据表 7.1 中 11 个食品供应链环节，构建的食品供应链流程如图 7.1 所示。

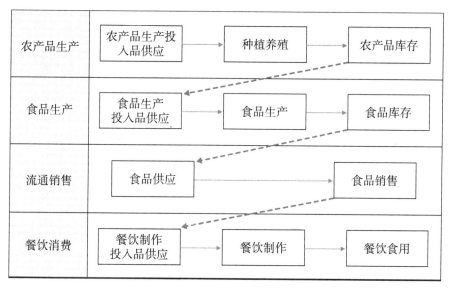

图 7.1　食品供应链流程

针对需要质量控制的食品，对食品供应链流程中各环节可能发生的危害进行充分识别，列出所有潜在危害。综合评估每个环节潜在危害产生的可能性，以及危害控制不当产生风险的严重程度，确定该环节的危害是否属于显著危害[117]。由于食品的生化属性，食品供应链 11 个环节所产生的危害都会造成严重后果，都属于显著危害，由多元治理主体集中控制，降低食品安全危害。能够预防显著危害，或者消除显著危害，或者能将显著危害降低到可接受水平的环节作为候选关键控制环节。使用 CCP 判断树，确定食品供应链关键控制环节。

现实中不同食品供应链上每个企业节点的预防措施、危害控制能力不同。因此，严格使用 CCP 判断树存在很大局限。笔者综合判断树所列问题，重点根据"后续步骤/工序可否把显著危害降低到可接受水平"这个问题进行判断。生产加工投入品质量主要由之前的供应环节控制，在采购或者库存时控制投入品质量，如果供应环节控制不当，很大可能将危害带入生产加工环节，因此是关键控制点。生产加工环节产生的质量问题无法通过后续库存或其他环节控制，因此，确定每个生产加工环节为关键控制点。公共场所或家庭餐饮食用直接影响消费者健康，该环节也是关键控制点。每个生产环节之后的库存环节及流通销售的食品供应、食品销售环节都会造成显著危害，但从判断树的视角这些环节的后续环节可以把显著危害降低到可接受水平。因此，这些环节不是关键控制点。最终从 11 个食品供应链环节中识别出 7 个关键控制点，即关键控制环节，如表 7.3 所示。

表 7.3　食品供应链环节危害与关键控制环节

阶段	环节	CCP
农产品生产	农产品生产投入品供应	是
	种植养殖	是
	农产品库存	否
食品生产	食品生产投入品供应	是
	食品生产	是
	食品库存	否
流通销售	食品供应	否
	食品销售	否
餐饮消费	餐饮制作投入品供应	是
	餐饮制作	是
	餐饮食用	是

食品供应链企业实施 HACCP 体系已经存在完整规范的方法指导，所确定的关键控制点是企业关键业务流程活动，主要依据文件是危害分析表和 HACCP 计划表。危害分析表包含潜在危害的产生原因，HACCP 计划表显示每个关键控制点所要控制项目的关键限值、监控程序和纠偏措施。结合危害分析表确定的关键控制点的食品安全问题成因和表 7.2 中 22 个成因共同确定企业食品质量的关键控制成因；依据 HACCP 计划表危害的关键限值可得到企业的关键控制项目列表。

食品供应链上每个企业的关键控制成因和关键控制项目不同，以食品供应链中 7 个关键控制环节为参照，横向统计从事同类业务同一环节的企业的每个关键控制成因和关键控制项目的数量，数量多少、在总数量中占比率反映从事同类业务同一环节的企业对每个环节食品安全问题共性成因和控制项目重要程度的评估结果，作为定位食品供应链同一环节的关键控制成因和关键控制项目的依据。统计数据项包括：产品类别、关键控制环节、关键控制成因、关键控制项目、同一关键控制项目数量总计、同一项目数量在项目总数中的比率。以环节、成因、项目三者一致来统计，得到同一环节、同一成因所导致的每个关键控制项目数量，或者同一环节同一关键控制项目的每个关键控制成因的数量。如果不考虑企业是否从事同一环节活动，按照每个关键控制成因和关键控制项目统计，能够得到整个食品供应链所有关键控制成因和关键控制项目的数量。

7.3.2　食品质量历史数据分析与收集

系统、准确、规范化的历史数据，反映已出现的食品安全状态，而非对食品安全状况的未来估计，能有效弥补专业人员经验定位的局限。食品质量安全统计分析数据来源主要有：食品质量检测数据、食品安全事件内容分析数据，这两类数据都存在某种缺陷。企业、第三方检测机构、政府的食品质量检测数据包括检测的环节、对象、项目、结果等明细，较少包含产品质量问题原因和后果；学者们通过食品安全事件内容分析获得的数据包含事件的发生时间、环节、原因等宏观数据，缺乏问题食品检测项目明细、危害程度等数据。统计数据的不完整或者代表性有限，导致无法科学定位关键控制点环节、成因、项目这 3 个层次。解决方法是定义数据收集的标准，该规范化格式需要包含食品种类、检测项目、检测结果、所在环节、危害程度（根据轻重程度赋 0、1 值）等关键信息。食品质量检测数据依照标准格式收集；食品安全事件内容分析数据主要来自媒体，学者不掌握详细的检测项目明细、危害后果等准确数据。因此，项目实施主体以规范化格式，建立食品安全事件数据库。依据规范化格式将这两类基础数据集成，将检测项目的结果与国家或行业标准数据对比，得到该检测项目是否符合标准，从而确定相应食品是否为不安全食品，并在数据库中添加"是否不安全食品"这个特征来表示。

统计分析模型采用多维模型，设计的完整基础数据包括食品种类、检测项目、检测结果、所在环节、产品质量问题原因、危害程度、是否不安全食品等食品质量特征信息。因此，不同产品类别条件下，以检测项目为基本粒度，以是否不安全食品、危害程度为汇总对象，可以在检测项目、所在环节、问题原因基础上建立关键控制点定位模型。统计数据项包括：产品类别、环节、成因、项目、同一项目数量总计、涉及不安全食品的同一项目数量在该项目总数中的比率、造成严重危害的同一项目数量总计、造成严重危害的同一项目数量在该项目总数中的比率。从项目、环节、成因这 3 个特征中任取一个特征，可以建立 3 个一维统计分析模型——项目分析模型、环节分析模型、成因分析模型；任取两个特征可形成 3 个组合：环节—成因、成因—项目、环节—项目，形成 3 个二维统计分析模型；取出 3 个特征形成一个"环节—成因—项目"三维统计分析模型。利用 Excel 数据透视表功能进行一维统计，可得到导致不安全食品或造成严重危害的项目、环节、成因的数量及在整个对应项目、环节、成因中的比例，数量表示发生问题或造成严重危害的项目、环节、成因的多少，比例表示发生问题或造成严重危害的项目、环节、成因的比率。使用 Excel 数据透视表功能进行二维统计或三维统计也可以得到对应的数量和比例数据，这些真实反映历史食品质量安全问题的数据是定位关键控制项目、环节、成因的重要依据。

7.4　食品供应链质量安全关键控制点定位模式构建

7.4.1　采用风险矩阵定位关键控制点

风险是风险因素发生可能性与严重性的二元函数，可以表示为：$R = F(P, S)$，R 代表风险等级；P 代表风险发生概率；S 代表风险影响程度。风险矩阵分析方法综合考虑风险概率和风险影响两个因素，专家基于数据分析和专业经验，科学划分风险影响等级和风险概率等级，建立风险等级对照表确定各等级风险概率和各等级风险影响组合下的风险等级。然后，依据 3 个等级列表确定所考查对象的风险等级，应用 Borda 计数法对所考查对象的重要性排序，从而识别需要集中资源优先防范的关键风险因素[118]。食品安全危害分析结果提供可能造成显著危害的环节、成因、项目或者这 3 个条件中某几项组合的数量及其在整个数量中的比例，仅表示发生概率；统计分析结果提供了已经形成不安全食品或造成严重危害的环节、成因、项目或者这 3 条件中某几项组合的数量及在整个对应数量中的比例，同时表示发生概率和危害程度。基于收集的食品安全危害数据和食品质量历史数据这两类数据，应用风险矩阵方法定位食品安全关键控制点需要不同的风险概率和风险危害等级划分标准。

食品安全危害数据中统计的数量和比率指的是关键控制项目的数量和比率，未包含一般控制项目，这些关键控制项目会造成显著危害且发生频率较高，其危害级别比一般控制项目要高。因此，依据专家经验确定标准并将这些关键控制项目危害程度分为极大、大两个级别，分别赋值 5、4；根据食品安全危害数据中比率数据和专家经验确定划分标准并将这些关键控制项目发生概率划分为极高、高、中等 3 个级别，分别赋值为 5、4、3。食品质量历史统计数据中的"涉及不安全食品的同一项目数量在该项目总数中的比率"表示该组合下所统计项目发生食品安全问题的频率，根据该比率数据和专家经验确定划分标准并将发生概率划分为极高、高、中等、低、较低 5 个级别，分别赋值为 5、4、3、2、1；食品质量历史统计数据中的"造成严重危害的同一项目数量总计"表示该组合下所统计项目造成严重危害的程度，根据该数量总计、"造成严重危害的同一项目数量在该项目总数中的比率"和专家经验确定划分标准并将危害程度划分为极大、大、中等 3 个级别，分别赋值为 5、4、3。综合考虑危害分析数据的风险概率级别标准、危害程度级别标准和统计分析数据的风险概率级别标准、危害程度级别标准，参照澳大利亚—新西兰风险管理标准（AS/NZS 4360：2004）中的风险等级评定方法，确定一个含极高风险、高风险、中等风险、低风险 4 个级别的风险等级对照表。将环节、项目、成因或者这几项的组合数据带入 4 个风险等级划分表和该风险等级对照表，可得到包含总体风险等级的不同产品类别评估结果。该评估结果数据项包括：环节、成因、项目、基于危害分析数据评估（含风险概率、风险程度）、基于统计分析数据评估（含风险概率、风险程度）、风险等级、Borda 值、Borda 序值。

根据 Borda 序值方法，需要计算每个项目或特定组合的 Borda 值，本书有两种不同类型的数据。因此，对于同一项目或特定组合分别进行计算得到两个 Borda 值，然后进行求和得到最终结果的 Borda 值。Borda 值越大，表示该项目或特定组合风险越大，需要重点投入治理资源。按 Borda 值从大到小顺序排列，并且赋予名次得到 Borda 序值，1 表示 Borda 值排第一位的项目或特定组合，按 Borda 序值顺序可得到需要重点关注的控制点的顺序。结合风险等级、Borda 值或 Borda 序值，确定整个供应链上食品治理的关键控制环节、关键控制项目、关键控制成因或某种可选的关键控制组合。

7.4.2　关键控制点定位优化模式

通过危害分析、统计分析和风险等级评估得到的每种类别食品的关键控制点，为供应链主体和监管机构有效治理食品安全问题提供了基础依据，能够提高食品安全治理效率、降低治理成本。但食品生产和流通渠道、组织形式的不同对应不同的关键控制点，不同类型食品供应链要求对应的控制策略。目前，我国存在数量庞大、规模小、组织化程度低的农产品生产、食品加工、农产品及食品流通从业主体，上下游企业间供需关系不稳定没有形成有组织的供应链[119]。这些从业主体缺乏保证产出品质量安全的能力或意愿，监管机构直接监管的成本巨大、效率低下，导致定位出的关键控制点无法得到控制，根据我国食品行业供应链特征对关键控制点控制方式进行调整，形成的食品供应链质量关键控制点定位模式如图7.2所示。

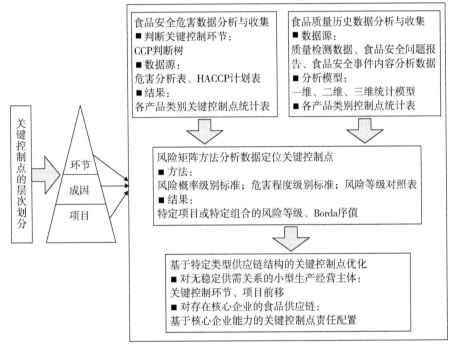

图7.2 食品供应链质量安全关键控制点定位模式

该模式中餐饮消费、食品生产及作为食品原料的农产品生产这3个阶段的投入品供应环节是通过危害分析定位的3个关键控制环节，由于危害分析建立在显著危害之上，所以这3个关键控制环节极可能成为风险评估后的关键控制环节。对于小规模的餐饮制作消费、食品生产、农产品生产市场主体，由于数量多、技术力量有限，导致存在于这3个阶段的3个关键控制环节因控制成本过高而导致控制失败的风险。同时，这3个关键控制环节的前一个环节都是流通环节，如饲料、农药、兽药、农产品、食品等批发或零售市场，流通环节的市场主体数量上远少于其相关生产环节主体数量，规模化和组织化程度较高。因此，将对缺乏控制能力的小规模生产主体投入品供应环节的控制前移到对投入品流通环节的控制。根据我国目前70%以上的农产品和食品通过批发市场和超市流通的情况，将批发市场和超市作为投入品供应这个关键控制环节的主要实施对象，同时为农贸市场科学分配治理资源，使食品安全关键控制点治理方法能够有效实施[120]。

食品供应链主体通过重复博弈、信誉机制、激励机制、集体惩罚、直接干预和其他非正式制度形成的紧密合作关系能够以内生力量控制食品质量安全，减少外部监管成本，纵向一体化程度越高，产品的质量安全水平就越高[121]。政府监管部门与核心企业协同治理，由核心企业主要负责能力所及的食品供应链上的关键控制环节和项目，政府监管核心企业、核心企业无法控制的项目和市场中未纳入治理范围的项目，通过核心企业进行控制，可以提高食品安全治理的效率和效果。稳定的食品供应链可能以农业合作社、批发商、食品加工企业或大型超市为核心，核心企业出于自身利益考虑，会利用自身在供应链中的优势和控制力，通过供应链的内部机制，控制分散的小规模生产者行为。

7.5　结束语

针对我国食品供应链市场结构复杂和监管资源无法满足现实监管需要导致的食品安全问题，提出了一种在食品供应链治理中定位关键控制点的新模式。该模式将关键控制点细化为环节、成因、项目3个层次以利于食品安全治理主体根据需要明确不同层次关键点，能够将关键控制项目加入日常质量管理工作。从事不同类别产品生产或经营的企业的 HACCP 数据和所有历史质量检测数据是该模式的基础，采用风险矩阵分析方法对这些数据包含的项目进行风险等级评估得到风险级别和 Borda 序值，根据食品安全状况将风险级别高的项目作为食品安全关键控制点。基于供应链组织特征，将关键控制点的控制责任分配给生产经营主体和监管部门，形成清晰的工作责任结构，在降低治理成本、明确职责的同时提高了食品安全治理效率和效果，提出了一种有科学实用价值的食品供应链质量安全关键控制点定位模式。该模式中根据危害是否严重将危害程度赋值0、1 来表示不严重和严重，实际上危害程度可以分为多个级别，需要在危害程度细分基础上利用风险矩阵进行更复杂的分析，同时根据供应链的特征优化关键控制点的责任分配也是进一步研究的课题。

参考文献

［1］ Beulens Adrie J M, Broens Douwe-Frits, Folstar Peter, et al. Food safety and transparency in food chains and networks relationships and challenges ［J］. Food Control, 2005, 16 (6)：481 – 486.

［2］ 国家统计局河南调查总队. 河南六十年 (1949—2009) ［M］. 北京：中国统计出版社, 2009.

［3］ 国家统计局河南调查总队. 河南调查年鉴［M］. 北京：中国统计出版社, 2009.

［4］ 张卫斌, 顾振宇. 基于食品供应链管理的食品安全问题发生机理分析 ［J］. 食品工业科技, 2007, 28 (1)：215 – 216.

［5］ 夏永祥, 彭巨水. 基于供应链视角的农产品质量管理 ［J］. 学术月刊, 2009, 41 (8)：84 – 89.

［6］ 胡莲, 刘仲英. 基于质量安全的农产品供应链管理模式研究 ［J］. 中国物流与采购, 2009 (21)：66 – 67.

［7］ 陶海飞, 杨性民, 鞠芳辉. 企业社会责任视角的食品供应链安全机制构建 ［J］. 消费经济, 2010, 26 (3)：77 – 81.

［8］ 涂宇胜. Y 公司的食品质量管理及其 HACCP 体系应用 ［D］. 贵阳：贵州大学, 2006.

［9］ Unnevehr Laurian J, Jensen Helen H. The economic implications of using HACCP as a food safety regulatory standard ［J］. Food Policy, 1999, 24(6)：625 – 635.

［10］ 杨山峰, 李瑞雪. 基于食品供应链的食品安全保障机制研究 ［J］. 食品工业科技, 2009, 30 (8)：291 – 294.

［11］ 许喜林. 实施 HACCP 体系的关键问题 ［J］. 冷饮与速冻食品工业, 2005, 11 (1)：35 – 36.

［12］ Tompkin R B. Interaction between government and industry food safety activities ［J］. Food Control, 2001, 12 (4)：203 – 207.

［13］ Golan E, Krissoff B, Kuchler F. Food traceability-one ingredient in a safe and efficient food supply [J]. Amber Waves, 2004, 2 (2): 14 – 21.

[14] Hobbs J E. Information asymmetry and the role of traceability systems [J]. Agribusiness, 2004, 20 (4): 397 – 415.

[15] Choe Y C, Park J, Chung M, et al. Effect of the food traceability system for building trust: Price premium and buying behavior [J]. Information System Frontiers, 2009, 11 (2): 167 – 179.

[16] 白云峰, 陆昌华, 李秉柏. 畜产品安全的可追溯管理 [J]. 食品科学, 2005, 26 (8): 473 – 477.

[17] 谢菊芳. 猪肉安全生产全程可追溯系统的研究 [D]. 北京: 中国农业大学, 2005.

[18] 史海霞, 杨毅. 肉用猪质量安全追溯系统 [J]. 农机化研究, 2009 (12): 61 – 64.

[19] 王立方, 陆昌华, 胡肄农, 等. 新型生猪标识及肉产品可追溯系统的设计和实现 [J]. 农业网络信息, 2006 (12): 25 – 27.

[20] 王华书, 林光华, 韩纪琴. 加强食品质量安全供应链管理的构想与对策 [J]. 农业现代化研究, 2010, 31 (3): 267 – 271.

[21] 袁文艺. 食品安全管制的模式转型与政策取向 [J]. 财经问题研究, 2011 (7): 26 – 31.

[22] 詹承豫. 转型期中国食品安全监管体系的五大矛盾分析 [J]. 学术交流, 2007, 163 (10): 93 – 97.

[23] 王中亮. 食品安全监管体制的国际比较及其启示 [J]. 上海经济研究, 2007 (12): 19 – 25.

[24] 颜海娜, 聂勇浩. 食品安全监管合作困境的机理探究: 关系合约的视角 [J]. 中国行政管理, 2009, 292 (10): 25 – 29.

[25] 巩顺龙, 白丽, 王向阳, 等. 合作监管视角下的我国食品安全监管策略研究 [J]. 消费经济, 2010, 26 (2): 79 – 82.

[26] 聂勇浩, 颜海娜. 关系合约视角的部门间合作: 以食品安全监管为例 [J]. 社会科学, 2009 (11): 13 – 20.

[27] 王海萍. 食品供应链安全监管体系创新框架研究 [J]. 广西社会科学, 2009, 171 (9): 34 – 37.

[28] 张申生等. 敏捷化制造的理论、技术与实践 [M]. 上海: 上海交通大学出版社, 2000.

[29] Naveen Erasala, David C Yen, TM Rajkumar. Enterprise application integration in the electronic commerce world [J]. Computer Standards& Interfaces, 2003, 12 (25): 69 - 82.

[30] 娄平, 周祖德, 陈幼平. 敏捷供应链管理的系统集成与信息共享 [J]. 机械与电子, 2006 (2): 3 - 5.

[31] 贾国柱, 张橙艳. 敏捷供应链的敏捷性分析 [J]. 工业工程, 2006, 9 (4): 7 - 11.

[32] 廖成林, 仇明全, 龙勇. 企业合作关系、敏捷供应链和企业绩效间关系实证研究 [J]. 系统工程理论与实践, 2008, 6 (6): 115 - 128.

[33] 王夏阳. 基于敏捷供应链的物流运作模式分析 [J]. 现代管理科学, 2007 (5): 59 - 61.

[34] 盛望京, 吴祈宗. 敏捷供应链协作伙伴关系建立过程研究 [J]. 北京理工大学学报: 社会科学版, 2005, 7 (5): 57 - 59.

[35] 罗军华, 李艳. 基于精益生产和敏捷制造的混合供应链管理 [J]. 现代商业, 2008 (17): 78 - 79.

[36] 张晓曼, 石双元, 李冰. 企业动态 BPR 及其模型与应用策略研究 [J]. 武汉理工大学学报: 信息与管理工程版, 2006, 28 (1): 53 - 56.

[37] 许锐, 范光敏. 基于 Multi-Agent 的敏捷供应链模型研究 [J]. 物流工程与管理, 2009, 31 (6): 72 - 74.

[38] 谢天保, 伍池宏. 基于双赢合作机制的敏捷供应链管理系统 [J]. 计算机工程, 2009, 35 (1): 17 - 20.

[39] 吴家菊, 刘刚, 席传裕, 等. 基于面向服务架构的敏捷供应链信息集成研究 [J]. 计算机工程与设计, 2006, 27 (19): 3545 - 3548.

[40] 严彩梅, 魏同明, 贺兴亚. 基于 Web Services 的企业间信息协同服务系统的设计 [J]. 现代电子技术, 2006 (22): 69 - 71.

[41] 张大鹏, 邱锦伦. SOA 中 Data Service 的分析与设计 [J]. 计算机工程, 2009, 35 (24): 105 - 107.

[42] 尉飞新, 杨德华. 基于 Web Services 的企业应用集成研究 [J]. 微计算机应用, 2007, 28 (3): 323 - 326.

[43] Service component architecture specifications [EB/OL]. (2010 - 08 - 07) [2017 - 03 - 14]. http: //www. osoa. org/display/Main/Service + Component + Architecture + Specifications.

[44] 罗强, 高哲, 陈传生. 基于 Web Services 的 SOA 敏捷供应链研究

［J］. 微计算机信息，2008，24（9）：20 – 22.

［45］ Microsoft Developer Network Library. ASP. NET Web services or . NET remoting：How to choose［EB/OL］.（2010 – 08 – 09）［2017 – 03 – 14］. http：//msdn. microsoft. com/en-us/library/ms978420. aspx.

［46］ 薛霄，刘志中，黄必清. 面向集群式供应链的企业服务组合方法［J］. 计算机集成制造系统，2014，20（10）：2599 – 2608.

［47］ 王勇，代桂平，侯亚荣. 信任感知的组合服务动态选择方法［J］. 计算机学报，2009，32（8）：1668 – 1675.

［48］ Ardagna D，Pernici B. Adaptive service composition in flexible processes［J］. IEEE Transactions on Software Engineering，2007，33（6）：369 – 384.

［49］ Alrifai M，Risse T. Combining global optimization with local selection for efficient QoS-aware service composition［C］//Madrid，Spain：Proceedings of the 18th International World Wide Web Conference，2009：881 – 890.

［50］ 李俊，郑小林，陈松涛，等. 一种高效的服务组合优化算法［J］. 中国科学：信息科学，2012，42（3）：280 – 289.

［51］ Mardukhi F，Nematbakhsh N，Zamanifar K，et al. QoS decomposition for service composition using genetic algorithm［J］. Applied Soft Computing，2013，13（7）：3409 – 3421.

［52］ Liu Z Z，Chu D H，Jia Z P，et al. Two-stage approach for reliable dynamic Web service composition［J］. Knowledge-Based Systems，2016，97（C）：123 – 143.

［53］ 温涛，盛国军，郭权，等. 基于改进粒子群的 Web 服务组合［J］. 计算机学报，2013，36（5）：1031 – 1046.

［54］ Wang S，Sun Q，Zou H，et al. Particle swarm optimization with Skyline operator for fast cloud-based web service composition［J］. Mobile Networks and Applications，2013，18（1）：116 – 121.

［55］ Yu Q，Bouguettaya A. Efficient service Skyline computation for composite service selection［J］. IEEE Transactions on Knowledge & Data Engineering，2013，25（4）：776 – 789.

［56］ 王尚广，孙其博，张光卫，等. 基于云模型的不确定性 QoS 感知的 Skyline 服务选择［J］. 软件学报，2012，23（6）：1397 – 1412.

[57] Wu J, Chen L, Feng Y, et al. Predicting quality of service for selection by neighborhood-based collaborative filtering [J]. IEEE Transactions on Systems Man & Cybernetics Systems, 2013, 43 (2): 428 –439.

[58] 马友, 王尚广, 孙其博, 等. 一种综合考虑主客观权重的 Web 服务 QoS 度量算法 [J]. 软件学报, 2014, 25 (11): 2473 –2485.

[59] 李玲, 刘敏, 成国庆. 一种基于 FAHP 的多维 QoS 局部最优服务选择模型 [J]. 计算机学报, 2015, 38 (10): 1997 –2010.

[60] 黄必清, 王婷, 薛霄. 基于扩展 QoS 模型的物流服务选择方法 [J]. 清华大学学报: 自然科学版, 2011, 51 (1): 19 –24.

[61] 李素粉, 范玉顺. 基于信任关系的业务服务选择方法 [J]. 计算机集成制造系统, 2011, 17 (10): 2278 –2285.

[62] Moser O, Rosenberg F, Dustdar S. Domain-specific service selection for composite services [J]. IEEE Transactions on Software Engineering, 2011, 38 (4): 828 –843.

[63] 薛霄, 刘志中, 黄必清. 服务质量可定制的企业协同 Web 服务组合方法 [J]. 计算机集成制造系统, 2013, 19 (11): 2911 –2921.

[64] Wang S, Zhu X, Yang F. Efficient QoS management for QoS-aware web service composition [J]. International Journal of Web & Grid Services, 2014, 10 (1): 1 –23.

[65] 齐连永, 窦万春. 跨组织协同中基于局部服务质量优化的 Web 服务组合方法 [J]. 计算机集成制造系统, 2011, 17 (8): 1647 –1653.

[66] Zeng L, Benatallah B, Ngu A H H, et al. QoS-aware middleware for Web services composition [J]. IEEE Transactions on Software Engineering, 2004, 30 (5): 311 –327.

[67] 徐焕良, 陆荣和, 彭增起, 等. 基于产品生命周期管理的肉品车间生产跟踪及追溯体系研究 [J]. 农业工程学报, 2007, 23 (12): 161 –166.

[68] 任守纲, 徐焕良, 黎安, 等. 基于 RFID/GIS 物联网的肉品跟踪及追溯系统设计与实现 [J]. 农业工程学报, 2010, 26 (10): 229 –235.

[69] 颜波, 向伟, 冉泽松, 等. 基于 RFID 的农产品物联网供应链信息共享 [J]. 科技管理研究, 2012 (7): 109 –112.

[70] 颜波, 石平, 黄广文. 基于 RFID 和 EPC 物联网的水产品供应链可

追溯平台开发 [J]. 农业工程学报, 2013, 29 (15)：172 – 183.

[71] 钱建平, 杨信廷, 张保岩. 基于 RFID 的蔬菜产地追溯精确度提高方案及应用 [J]. 农业工程学报, 2012, 28 (15)：234 – 239.

[72] HU J Y, ZHANG X, MOGA L M, et al. Modeling and Implementation of the Vegetable Supply Chain Traceability System [J]. Food Control, 2013, 30 (1)：341 – 353.

[73] 李敏波, 金祖旭, 陈晨. 射频识别在物品跟踪与追溯系统中的应用 [J]. 计算机集成制造系统, 2010, 16 (1)：202 – 208.

[74] 杨阳. EPC 物联网系统的研究与设计 [D]. 北京：对外经济贸易大学, 2009.

[75] 陈峥, 刘慧, 宫雪. 物联网之 Savant 体系结构的分析研究 [J]. 物流科技, 2006, 29 (7)：18 – 21.

[76] 李馥娟. EPC 物联网中的 ONS 架构及安全分析 [J]. 信息网络安全, 2010 (12)：6 – 9.

[77] Jakkhupan W, Arch-Int S, Li Y F. Business Process Analysis and Simulation for the RFID and EPCglobal Network Enabled Supply Chain：A Proof-of-concept Approach [J]. Journal of Network and Computer Applications, 2011, 34 (3)：949 – 957.

[78] 程静, 贾银江, 关静. RFID 中间件在肉牛养殖溯源系统中的应用 [J]. 农机化研究, 2015 (5)：224 – 228.

[79] 康瑞娟, 张小栓, 傅泽田, 等. 基于 PDA 和 FSM 的肉牛养殖可追溯信息采集与传输方法 [J]. 农业工程学报, 2010, 26 (1)：227 – 231.

[80] 赵鸿飞, 杨莉, 王琳. 基于 RFID 技术的高档牛肉物流信息追溯系统研究 [J]. 物流工程与管理, 2015, 37 (7)：108 – 110.

[81] 吴虎. EPC 信息服务系统的研究与实现 [D]. 武汉：华中科技大学, 2011.

[82] 梁万杰, 曹静, 凡燕, 等. 基于 RFID 和 EPCglobal 网络的牛肉产品供应链建模及追溯系统 [J]. 江苏农业学报, 2014, 30 (6)：1512 – 1518.

[83] 顾晟曦. 物联网信息发现系统的研究与设计 [D]. 上海：复旦大学, 2012.

[84] 中国农业科学院研究生院. 畜产品质量安全与 HACCP [M]. 北京：

中国农业科学技术出版社，2008.

[85] 焦洪超，宋志刚，林海．父母代种鸡场生产过程危害分析及 HACCP 管理体系的建立与应用 [J]．中国家禽，2011，33（23）：9-14.

[86] 王小建．无公害肉鸡生产中 HACCP 管理体系的建立 [D]．郑州：河南农业大学，2007.

[87] 滑朝红．"公司+经销商+农户"生产模式下商品肉鸡饲养的 HAC-CP 探讨 [D]．郑州：河南农业大学，2009.

[88] 李耘，钱永忠，王开义，等．架构我国 HACCP 体系智能化软件平台初探 [J]．食品科技，2010，35（6）：322-326.

[89] 朱晓莉，朱毅华，周宏．基于 HACCP 的食品安全管理信息系统的开发 [J]．江苏农业科学，2008（6）：264-266.

[90] 成飞飞，王要武．基于 Petri 网的产品设计过程工作流结构化建模与仿真 [J]．系统仿真学报，2009，21（24）：7727-7731.

[91] Westergaard Michael，Verbeek（Eric）H. M. W. CPN Tools [EB/OL]．[2016-05-15]．http：//cpntools. org/.

[92] 蔡汉力．食品安全计算机辅助管理系统：HACCP 体系信息系统分析与设计 [D]．北京：首都经济贸易大学，2004.

[93] 孔令举，毛鹏军．基于 HACCP 的农产品质量安全监控预警决策的研究 [J]．农机化研究，2011（5）：84-87.

[94] 申广荣，钱振华，黄秀梅，等．绿叶菜安全生产 HACCP 管理系统 ER 模型的设计及应用 [J]．上海交通大学学报：农业科学版，2010，28（5）：470-473.

[95] 程继红，陈传喜，李金鑫．食用菌工厂化生产中 HACCP 智能监控系统的开发应用 [J]．中国农学通报，2008，24（2）：449-454.

[96] 张方田，王开义，喻钢，等．工作流技术在 HACCP 体系管理系统中的应用研究 [J]．计算机工程与设计，2010，31（12）：2769-2772.

[97] 卢功明，张小栓，穆维松，等．牛肉加工质量可追溯数据采集与传输方法 [J]．计算机工程与设计，2009，30（15）：3657-3659.

[98] 黄静，赵洁，沈维政．基于 Web 的肉牛屠宰质量安全可追溯系统研究与设计 [J]．东北农业大学学报，2012，43（5）：83-86.

[99] 任晰，张小栓，穆维松，等．基于 Web 的罗非鱼养殖质量安全可追溯系统设计与实现 [J]．计算机工程与设计，2009，30（16）：3883-3886.

［100］成黎．食品原料安全与初加工食品质量安全控制：以新鲜蔬菜的质量控制为例［J］．食品科学，2015，36（5）：266－273．

［101］郭宏．无线RFID猪肉产品全程可溯源系统研究［D］．兰州：兰州理工大学，2014．

［102］刘寿春，赵春江，杨信廷，等．猪肉冷链加工与物流微生物危害分析与控制［J］．食品科技，2012，37（5）：103－109．

［103］胡宏武．火腿肠质量安全追溯系统的开发［D］．武汉：武汉理工大学，2013．

［104］姜利红，潘迎捷，谢晶，等．基于HACCP的猪肉安全生产可追溯系统溯源信息的确定［J］．中国食品学报，2009，9（2）：87－91．

［105］曾行．基于EPC编码的猪肉质量安全追溯体系研究［D］．杨凌：西北农林科技大学，2008．

［106］刘尧，高峰，徐幸莲，等．基于RFID/EPC物联网的猪肉跟踪追溯系统开发［J］．食品工业科技，2012，33（16）：49－52．

［107］王培强．基于RFID与条码技术的猪肉追溯管理信息系统分析与设计［D］．北京：北京工业大学，2012．

［108］左明霞，夏萍，冯东，等．基于RFID技术的猪肉质量安全追溯系统［J］．农机化研究，2013（1）：189－192．

［109］戚建刚．我国食品安全风险规制模式之转型［J］．法学研究，2011（1）：33－49．

［110］张学群，栾晏．啤酒原材料食品安全危害评价与控制［J］．食品与发酵工业，2013，39（9）：165－169．

［111］刘金亮，庞珍丽．HACCP食品安全预防体系在水产养殖中的应用探讨［J］．中国水产，2013（9）：72－74．

［112］M F Stringer, M N Hall. A Generic Model of the Integrated Food Supply Chain to Aid the Investigation of Food Safety Breakdowns［J］. Food Control, 2007, 18（7）：755－765.

［113］Asselt V E D, Meuwissen M P M. Selection of criticalfactors for identifying emerging food safety risks in dynamicfood production chains［J］. Food Control, 2010, 21（6）：919－926.

［114］刘畅，张浩，安玉发．中国食品质量安全薄弱环节本质原因及关键控制点研究［J］．农业经济问题，2011（1）：24－31．

［115］张红霞，安玉发．食品生产企业食品安全风险来源及防范策略：基

于食品安全事件的内容分析 [J]. 经济问题, 2013 (5)：73－76.

[116] 王志刚, 王启魁, 吴柳云. 影响我国食品安全的主要因素研究：基于21个省市城乡居民的问卷调查 [J]. 农产品质量与安全, 2012 (2)：11－21.

[117] 许永风. 食品生产加工企业关键控制点的确定 [J]. 食品研究与开发, 2011 (7)：180－181.

[118] 张红霞, 安玉发, 张文胜. 我国食品安全风险识别、评估与管理：基于食品安全事件的实证分析 [J]. 经济问题探索, 2013 (6)：135－141.

[119] 曾寅初, 全世文. 我国生鲜农产品的流通与食品安全控制机制分析：基于现实条件、关键环节与公益性特征的视角 [J]. 中国流通经济, 2013 (5)：16－21.

[120] 刘凤平. 基于农产品供应链关键环节的质量安全控制的研究 [D]. 天津：南开大学, 2011.

[121] 汪普庆, 周德翼, 吕志轩. 农产品供应链的组织模式与食品安全 [J]. 农业经济问题, 2009 (3)：8－12.

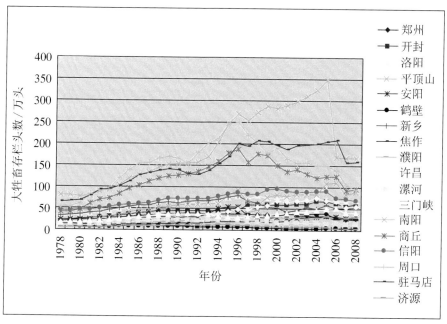

数据来源:《河南60年(1949—2009)》。

图 1.3　河南省各市大牲畜存栏头数

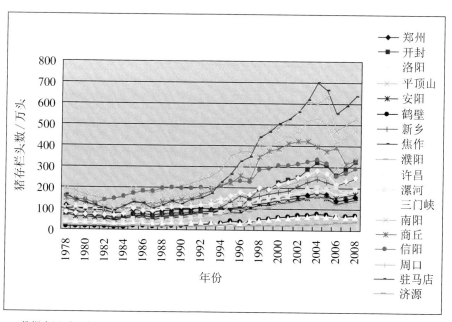

数据来源:《河南60年(1949—2009)》。

图 1.4　河南省各市猪存栏头数

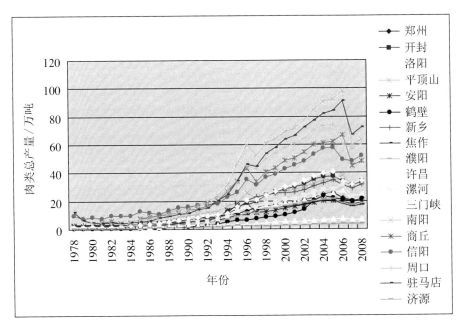

图例：
- 郑州
- 开封
- 洛阳
- 平顶山
- 安阳
- 鹤壁
- 新乡
- 焦作
- 濮阳
- 许昌
- 漯河
- 三门峡
- 南阳
- 商丘
- 信阳
- 周口
- 驻马店
- 济源

数据来源：《河南 60 年（1949—2009）》。

图 1.5　河南省各市肉类总产量